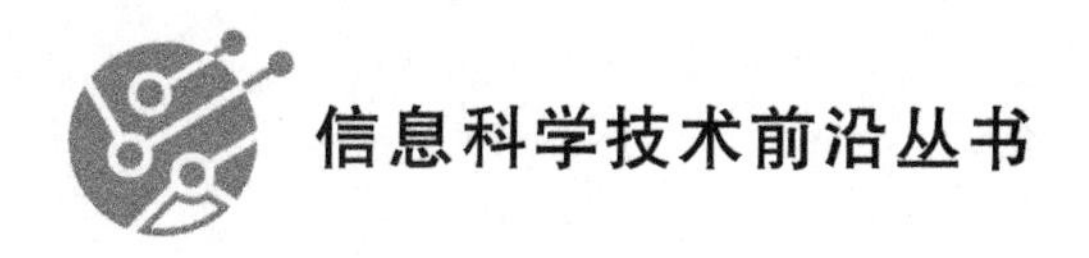

信息科学技术前沿丛书

随机网络演算及其在无线通信系统中的应用

陈　宇　著

北京邮电大学出版社
www. buptpress. com

内容简介

本书深入探讨了随机网络演算理论及其在网络服务质量保障和能效优化中的应用，旨在为信息与通信工程领域的研究生及专业技术人员提供一份全面而简洁的参考材料。全书从随机网络演算的基本原理出发，通过丰富的案例分析，展示了如何将理论应用于无线通信网络的性能分析和优化中。

本书首先介绍了网络演算的核心概念和方法，然后重点讨论了如何利用这些工具来分析和保障网络中的服务质量，包括对延迟、带宽和丢包率等关键性能指标的优化。随后，书中探讨了随机网络演算在网络能效优化方面的应用，提出了一系列减少能源消耗、提高网络运行效率的策略和方法。

通过对这些重要主题的深入剖析，本书将帮助读者建立起坚实的理论基础，以便读者能够在工作中将随机网络演算理论应用于服务质量保障和网络能效优化。本书同时也可作为希望深入了解无线通信网络性能分析和优化领域的研究生和专业人员的学习参考书。

图书在版编目（CIP）数据

随机网络演算及其在无线通信系统中的应用 / 陈宇著. -- 北京 ：北京邮电大学出版社，2024. -- ISBN 978-7-5635-7251-9

Ⅰ. TN92

中国国家版本馆 CIP 数据核字第 2024Q7Y142 号

策划编辑：姚　顺　刘纳新　**责任编辑：**满志文　**责任校对：**张会良　**封面设计：**七星博纳

出版发行：北京邮电大学出版社
社　　址：北京市海淀区西土城路 10 号
邮政编码：100876
发 行 部：电话：010-62282185　传真：010-62283578
E-mail：publish@bupt.edu.cn
经　　销：各地新华书店
印　　刷：河北虎彩印刷有限公司
开　　本：787 mm×1 092 mm　1/16
印　　张：9
字　　数：231 千字
版　　次：2024 年 7 月第 1 版
印　　次：2024 年 7 月第 1 次印刷

ISBN 978-7-5635-7251-9　　定价：56.00 元

前　言

随着无线通信技术的快速发展，提供优质的服务质量（Quality of Service，QoS）和实现能量效率的优化已成了系统设计和网络运营的重要目标。这两个目标在现代通信网络中是紧密相关的，因为网络的能量消耗不仅关系到运营商的运营成本，也直接影响到环境的可持续发展。本书旨在提供一个全面的指南，系统地介绍随机网络演算在服务质量保障和能效优化方面的理论基础和应用方法。

随机网络演算是一种强大的数学工具，它结合了概率论、随机过程和网络理论，为分析和设计提供服务质量保障的通信网络提供了坚实的理论基础。本书以清晰、系统的方式展示了如何应用随机网络演算来分析和优化服务质量及能量效率。本书不仅详细介绍了随机网络演算的基础理论和服务质量指标的分析方法，还深入探讨了在超密集无线网络、非正交多址接入技术和基于博弈论的环境下的应用。

本书第1章引入了服务质量和能量效率在无线通信系统中的重要性，并讨论了这两个目标之间的关系。第2章为读者提供了概率论和随机过程的基础知识，为后续章节中的深入讨论打下了坚实的基础。从第3章开始，本书进入随机网络演算的核心内容，详细介绍了其基本理论和服务质量指标的分析方法。在随后的章节中，本书通过一系列具体的应用场景，展示了如何将随机网络演算应用到服务质量保障和能效优化中，包括超密集无线网络、点到点通信、非正交多址接入技术等。第8章探讨了网络演算与博弈论结合的独特视角。第9章引入了机器学习的方法来进一步提升能效分析和优化的性能。

本书不局限于理论分析，也提供了大量的实际案例和应用示例，帮助读者更好地理解和掌握随机网络演算在服务质量保障和能效优化中的应用。本书的目标是使读者能够将书中介绍的理论和方法应用到实际的网络设计和优化中，为实现高质量服务和高能效的网络运营做出贡献。

本书适合作为高年级本科生和研究生课程的教材，也可作为从事计算机网络、通信工程和相关领域研究的学者和工程师的参考书。我们希望通过本书，读者能够深入了解随机网络演算的理论基础，掌握其在服务质量保障和能效优化中的应用方法，并在未来的工作和研究中发挥重要作用。

我衷心感谢我的学生们，他们在该课题中展现出的努力和热情对于完成本书至关重要。我也要感谢国家工程研究中心主任陶小峰教授以及该中心的所有成员。你们的专业知识和对科研的热爱极大地丰富了这本书的内容。

我还要感谢国家自然科学基金委员会对我们的项目“超密集网络中面向QoS保障的随机最优控制研究”(项目申请号61901055)的资助和支持。

最后，我想向我的妻子、女儿和父母表示我深深的感激和爱。在写作这本书的漫长日子里，是你们的理解、支持和鼓励给了我无限的力量。你们是我的力量源泉，我爱你们。

陈　宇

2024年1月15日

于北京邮电大学

目　录

第1章

无线通信系统中的服务质量和能量效率

在现代无线通信系统中，服务质量（Quality of Service，QoS）和能量效率（Energy Efficiency）是设计和评估这类系统的两种关键参数。本书旨在讨论如何在保障服务质量（QoS Provisioning）的前提下，采用合适的功率分配策略来最大化无线通信网络中能效的相关方案。

1.1 无线通信系统中的服务质量保障

1.1.1 服务质量保障

随着通信网络的快速发展，用户对数据通信业务有着越来越多样化和大规模的需求。每种数据通信业务都有其特定的服务质量 QoS 指标需要满足。QoS 不仅是量化网络数据包传送服务的一种方式，也是衡量用户满意度的相关性能指标。例如，多媒体流通常能容忍一定程度的数据损失或延时[1,2]，而工业网络中的智能工厂和实时通信等特定类型的业务流对数据包丢失极为敏感。

定义 1-1 服务质量中三种最关键性能指标分别是：①带宽、②延时和③丢包率。

定义 1-2 服务质量保障是通过接入控制、调度、路由等方式对带宽、延时和丢包率等性能指标进行保障。

服务质量保障有确定性和随机性之分。确定性服务保障可确保业务流的所有数据包都能在其要求的性能指标范围内到达目的地。虽然这种确定性服务能提供最高标准的 QoS 水平，但其最大的缺点是必须根据最坏的情况储备网络资源，因此会造成相当一部分网络资源闲置。随机服务保障允许以小于 1 的概率保障指定的 QoS 目标。通过允许某些数据包违反所要求的 QoS，随机服务保障可以更好地利用网络链路的统计复用增益，从而提高网络利用率。

确定性服务保障的模型定义为"实际体验的服务绝不能比期望的服务差"；可以用下面的形式表示：

$$\Pr\{\text{实际体验的服务不低于期望的服务}\}=1 \tag{1-1}$$

随机服务保障可表示为

$$\Pr\{\text{实际体验的服务低于期望的服务}\}\leqslant\varepsilon \tag{1-2}$$

式中，ε 是数据包违反期望性能的允许概率[1,2]。对比公式(1-1)和公式(1-2)可知，确定性服务保障是随机服务保障的特例公式(1-1)，即 $\varepsilon=0$。

对于通信网络中的各类业务流，因为随机服务保障可以更好地利用网络的复用增益，所以提供随机服务保障往往更加符合现实需求。此外在许多网络如无线网络和多接入网络中，由于信道受损、争用等原因，无线信道的容量会随时间随机变化。在这类网络中，只能提供随机服务保障。为了分析和提供这类网络的服务保障能力，随机网络演算就成为一种常用的理论分析方法。

1.1.2 随机网络演算基础

本书仅考虑无损通信网络中的随机过程。我们假设随机过程被定义为时间的函数且所有这些过程都定义在 $t\geqslant 0$。在 t 时刻的业务速率和系统容量分别为 $a(t)$ 和 $s(t)$。考虑到达某个网元的累积流量(以比特为单位)、离开该网元的累积流量以及该网元提供的累积容量/服务量。在这种情况下，我们称 $A(t)=\int_0^t a(\tau)\mathrm{d}\tau$ 为累积到达过程；$A^*(t)=\int_0^t a^*(\tau)\mathrm{d}\tau$ 为累积离开过程；$S(t)=\int_0^t s(\tau)\mathrm{d}\tau$ 为累积服务过程。我们还需要假设 $A(t)$、$A^*(t)$ 和 $S(t)$ 在 $t=0$ 处的值为零且这些函数都是左连续函数。

推论 1-1 对于任意 $0\leqslant s\leqslant t$，我们有 $A(s,t)=A(t)-A(s)$、$A^*(s,t)=A^*(t)-A^*(s)$ 和 $S(s,t)=S(t)-S(s)$。

虽然无损通信系统不存在丢包，即丢包率为 0。在不考虑实际系统由于硬件问题造成的无线链路丢包的假设前提下，网络拥塞的主要原因是系统丢包，即当系统中的数据包数量超过了其承载能力时，由于缓冲区溢出而产生丢包。这类由于网络拥塞产生的丢包和缓冲区积压(Backlog)有关。因此本书主要关注在无损通信系统中的平均业务速率、平均带宽、积压分布函数和延时分布函数这四种服务质量指标。平均业务速率和平均带宽指标由以下定义给出。

定义 1-3 系统的平均业务速率 λ 和平均带宽 μ 分别为

$$\lambda=\lim_{T\to\infty}\frac{A(T)}{T}$$

和

$$\mu=\lim_{T\to\infty}\frac{S(T)}{T}$$

积压和延时的定义如下[3-5]：

定义 1-4 令 $A(t)$ 和 $A^*(t)$ 分别为无损系统的累积到达过程和累积离开过程。则 $t(t\geqslant 0)$ 时刻的队列长度 $Q(t)$ 为

$$Q(t)=A(t)-A^*(t)$$

定义 1-5 在先进先出(FIFO)的无损系统中，$t(t\geqslant 0)$ 时刻的延时 $D(t)$ 定义为

$$D(t)=\inf\{d\geqslant 0:A(t)\leqslant A^*(t+d)\}$$

$Q(t)$和$D(t)$的几何意义由图 1-1 给出。

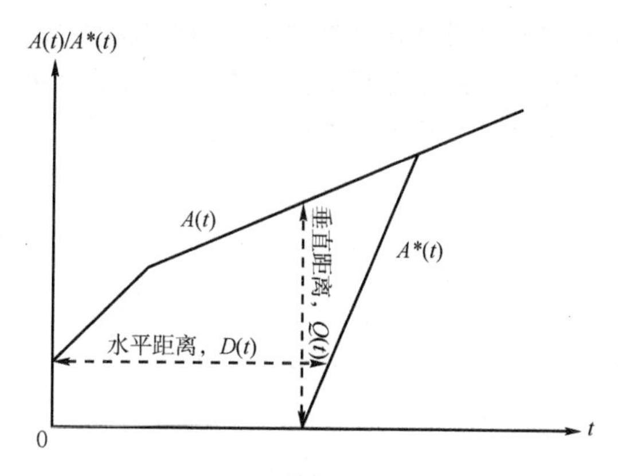

图 1-1 $Q(t)$和$D(t)$的几何意义：$A(t)$与$A^*(t)$之间的垂直和水平距离

最后我们还需要强调：在传统排队理论中，队列长度（Queue Length）和等待时间（Waiting Time）的概率分布特征常常可以通过到达和服务过程来数学描述。例如泊松到达过程和服务时间为负指数分布的服务过程（即 $M/M/1$ 排队模型）中的队长和等待时间是都存在解析解。然而由于传统排队理论无法真实地建模无线信道，所以传统排队理论难以直接应用于无线通信系统。

1.2 非连续收发的能效分析基础

为实现可持续发展，现代无线通信系统必须降低能源消耗和碳排放。因此，在设计和管理通信网络时，不仅需要考虑服务质量保障，还需关注能效优化。无线通信系统的能效可分成三个级别：①设备级别、②设施级别和③网络级别。本书仅考虑设备级别的系统能效。目前设备级别的系统能效常用比特每焦耳来衡量，也就是单位能量（J）所能传输的信息量（bit）。满缓冲区场景下的能效（用$\eta_{\text{full buffer}}$表示）表达式为

$$\eta_{\text{full buffer}}=\frac{C}{P} \tag{1-3}$$

式中，符号 C 和 P 分别表示系统容量（bit/s）和功率（J/s）。考虑业务流场景下的能效η_{traffic}表达式为

$$\eta_{\text{traffic}}=\frac{\lambda}{P} \tag{1-4}$$

式中，λ 表示平均业务速率（bit/s）。本书仅考虑η_{traffic}，且该符号在本书中简写为 η。

非连续发射技术（Discontinous Transmission）是第三代合作伙伴计划（3rd Generation Partnership Project，3GPP）国际标准与中国通信标准化协会（China Communications Standards Association，CCSA）行业标准中定义的物理层通信技术。它利用通信过程中业务流中的数据总是非连续、间歇传输的特点，在无数据传输时关闭发射机，在有数据发送时再开启发射机，从而降低发射机的能耗。在该机制下每个发射机存在两种可能状态：

(1) 工作状态;

(2) 空闲状态。

在工作状态下,发射机进行下行数据传输过程,而在空闲状态下,发射机关闭与数据发送相关的硬件电路,仅维持通信系统工作所需的固有电路功率消耗[6]。上述两种状态间的转换机制,可以具体抽象为如图 1-2 所示的状态转移模型。

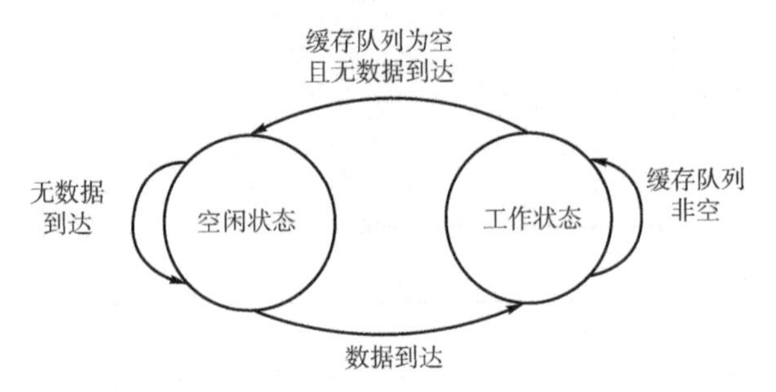

图 1-2　动态非连续发送机制下小基站工作状态转换图

将以上过程进行数学建模:通信系统中发射机的发送功率包括数①模转换功率、②混频电路功率、③功率放大功率、④解调电路功率和⑤基带处理电路功率。发射机工作的同时,会产生一个固有的电路功率P_c。因此在时间 T 内系统消耗的能量主要由三部分组成:

$$E=P_c T+P_{tx}T_{tx}+P_{idle}T_{idle} \tag{1-5}$$

式中,P_{idle}是空闲状态的设备功率,P_c是电路一直存在的固定功率,T_{idle}和T_{tx}分别是空闲和传输两种状态所占的时间,且 $T=T_{idle}+T_{tx}$。

那么,在时间 T 内的系统平均功率可表示为

$$P=\frac{E}{T}=P_c+\frac{P_{tx}T_{tx}+P_{idle}T_{idle}}{T} \tag{1-6}$$

将公式(1-5)代入公式(1-4),可以定义非连续发送机制下的能效模型:

$$\eta=\frac{\lambda}{P_c+\dfrac{P_{tx}T_{tx}+P_{idle}T_{idle}}{T}} \tag{1-7}$$

1.3　本章小结

本章介绍了确定性和随机性服务保障的概念。确定性服务保障虽然能够完全满足服务质量的各项指标,但可能造成网络资源的浪费。而随机性服务保障则允许一定程度的性能波动,以提高网络资源的利用率。另外,本章也强调了在设备级别能效优化的重要性。能效被用来量化单位能量能传输的信息量,成为一个新的关键性能指标。在理论框架方面,本章简要介绍了定义服务质量和能效分析的基本公式。

第2章

概率论与随机过程基础

概率论和随机过程是理论数学中的两个重要分支，本章旨在提供随机网络演算中涉及的概率论和随机过程的基础知识。

2.1 随机变量

定义 2-1 Ω 为一个样本空间，定义随机变量 X 为样本空间到实数的一种映射关系：

$$X:\Omega\rightarrow\mathbb{R}$$

同时针对每一个实数 x 都有一个事件集合 ω 与其相对应，即

$$\{\omega:X(\omega)\leqslant x\}\in\mathcal{F}$$

式中，$\mathcal{F}$ 为事件空间，且为样本空间 Ω 的子集。

定义 2-2 定义分布函数

$$F(x)=\Pr\{\omega:X(\omega)\leqslant x\}=\Pr(X\leqslant x)$$

2.1.1 离散型随机变量

定义 2-3 设 X 为一随机变量，若 X 只取有限或可数个值，则称 X 为一个(一维)离散随机变量。设其全部可能值为$\{a_1,a_2,\cdots\}$，则称$p_i=\Pr(X=a_i),i=1,2,\cdots$为 X 的概率质量函数(Probability Mass Function，PMF)。

定义 2-4 若一次试验的结果只有 A 与$\overline{A}$，则称该次试验为一次伯努利试验(Bernoulli Trial)。

1. 0-1 分布

定义 2-5 称

$$\Pr(X=1)=p,\Pr(X=0)=q=1-p$$

为 X 服从 0-1 分布，又称伯努利分布(Bernoulli Distribution)。

2. 二项分布(Binomial Distribution)

定义 2-6 若将概率相同的伯努利试验独立地重复 n 次，则称其为 n 重伯努利试验。

定义 2-7 称

$$\Pr(X=k)=\binom{n}{k}p^k(1-p)^{n-k},k=0,1,\cdots,n$$

为 X 服从二项分布，记为 $X\sim B(n,p)$。其中$\binom{n}{k}$为二项式系数。

这里二项分布考虑的是 n 重伯努利试验中成功了几次，不考虑这些成功的次数是如何分配的。

3. 泊松分布(Poisson Distribution)

定义 2-8 称

$$\Pr(X=k)=\frac{\lambda^k}{k!}\mathrm{e}^{-\lambda},k=0,1,2,\cdots,\lambda>0$$

为 X 服从参数为λ 的泊松分布，记为 $X\sim \mathrm{Pois}(\lambda)$。

4. 几何分布(Geometric Distribution)

定义 2-9 在 n 重伯努利试验中，若 $n\to\infty$，则称该试验为伯努利过程(Bernoulli Process)。

定义 2-10 称

$$\Pr(X=k)=q^{k-1}p=(1-p)^{k-1}p,k=1,2,\cdots$$

为 X 服从几何分布，记为 $X\sim \mathrm{Geo}(p)$。

几何分布的意义是伯努利过程中第一次成功所需的次数，因此需要有无限次验证的前提条件。

定理 2-1 (几何分布的无记忆性)若 $X\sim \mathrm{Geo}(p)$，则 $\Pr(\xi>m+n\,|\,\xi>m)=P(\xi>n)$。

定理 2-2 几何分布是唯一具有无记忆性的离散分布。

2.1.2 连续随机变量

下面进一步讨论随机变量及其分布函数的性质。按照上一节的叙述，分布函数有以下几个等价表述。

$$F(x)=\Pr(X\leqslant x)=\Pr\{\omega:X(\omega)\leqslant x\}$$

分布函数具有如下性：

(1) 有界性：$0\leqslant F(x)\leqslant 1$。

(2) 规范性：

$$\begin{cases}\lim\limits_{x\to+\infty}F(x)=1\\ \lim\limits_{x\to-\infty}F(x)=0\end{cases}$$

我们需要留意对于某些定义在$\mathbb{R}$的子区间上的概率，在写出分布函数的时候，对于没有定义的地方一定要补上 0 和 1。

(3)右连续性：$\lim_{x\to x_0^+}F(x)=F(x_0)$。因为我们对随机变量的定义为左开右闭的形式，所以这里是右连续。

定义 2-11 若∃$f(x)\geqslant 0$,并使得 $F(x)=\int_{-\infty}^{x} f(t)\mathrm{d}t$,那么$F'(x)=f(x)$,称 $f(x)$为 $F(x)$的概率密度函数(Probability Density Function,PDF)。显然 $f(x)$应该满足以下性质:

(1) $f(x)\geqslant 0$;

(2) $\int_{-\infty}^{+\infty} f(x)\mathrm{d}x=1$。

满足以上两个条件且可积的函数一定是概率密度函数。若条件(2)的右边是某个实数 a,则 $g(x)=\dfrac{f(x)}{a}$是满足要求的概率密度函数,记变换 $\varphi: f\rightarrow g$ 为归一化。

定义 2-12 对可列个(countable)形如$(-\infty,a]$,$a\neq+\infty$的集合进行交、并、补运算形成的集合称为 Borel 集。

定理 2-3 概率密度函数在任何实 Borel 集上的积分是这个集合内随机变量取值的概率,即$\forall A\subset\mathcal{B}(\mathbb{R})$,$\Pr(X\in A)=\int_A f(t)\mathrm{d}t$

定理 2-4 若随机变量分布函数 $F(x)$在x_0处连续,则 $\Pr(X=x_0)=0$。否则 $\Pr(X=x_0)=\lim\limits_{x\to x_0^+}F(x)-\lim\limits_{x\to x_0^-}F(x)$

证明:只证明第一个小命题。显然有$\{X=x\}=\bigcap\limits_{n=1}^{\infty}\left\{x-\dfrac{1}{n}<X\leqslant x\right\}$。故

$$\Pr(X=x_0)\leqslant P\left(x_0-\frac{1}{n}<X\leqslant x_0\right)=F(x_0)-F\left(x_0-\frac{1}{n}\right)$$

当 $n\rightarrow\infty$,且 F 在x_0连续,等式右边趋于 0。

证毕。

这是一个重要的性质。在前述离散分布时,各个值有离散的概率分布决定了其概率函数要在这个点“跳变”。定理 2-16 可以认为连续随机变量是离散随机变量的通用形式。

1. 均匀分布(Uniform Distribution)

均匀分布是指在某个测度大于 0 小于∞的区间内概率密度恒为常数的分布。那么显然它的概率密度函数为

$$f(x)=\begin{cases}\dfrac{1}{b-a}, & a<x<b\\[2mm] 0, & x\leqslant a \text{ 或 } x\geqslant b\end{cases}$$

但是这样在最后标出取值范围的形式往往不利于计算(常常会漏掉),也不利于普适的规则。因此我们需要使用示性函数来表示限定区间上的取值。这样,所有定义域都可以表示为$\mathbb{R}$,规律的套用也具有普适性。

定义 2-13 对$\forall A\subset\Omega$,示性函数(Indicator Function)可定义为

$$I_A(x)=\begin{cases}1, & x\subset A\\ 0, & x\in A\end{cases}$$

定义 2-14 均匀分布的概率密度函数为

$$f(x)=\frac{1}{b-a}I_{(a,b)}(x)$$

记为 $X \sim U(a,b)$。

定理 2-5 可以求得均匀分布的分布函数为

$$F(x)=\begin{cases}0, & x\leqslant a\\ \dfrac{x-a}{b-a}, & a<x<b\\ 1, & x\geqslant b\end{cases}$$

定理 2-5 中的分布函数是积分的结果，因此不方便用示性函数来表示。我们一般取区间 (a,b)，但仍然需要指出 $U(a,b)$，$U[a,b)$，$U(a,b]$，$U[a,b]$ 的分布函数在本质上是相同的。

2. 指数分布(Exponential Distribution)

定义 2-15 指数分布的概率密度函数为

$$\lambda \mathrm{e}^{-\lambda x} I_{[0,\infty)}(x)$$

式中，$\lambda>0$ 为常数。

定理 2-6 指数分布具有无记忆性，即 $\Pr(X>s+t \mid X>s)=\Pr(X>t)$。

定理 2-7 指数分布是唯一具有无记忆性的连续分布。

3. 正态分布

定义 2-16 正态分布的概率密度函数为

$$f(x)=\frac{1}{\sqrt{2\pi}\sigma}\exp\left(-\frac{(x-\mu)^2}{2\sigma^2}\right)$$

式中，$x\in\mathbb{R}$。记 X 服从正态分布为 $X\sim N(\mu,\sigma^2)(\sigma>0)$。可以看出，$\sigma$ 越大，概率密度曲线越"矮胖"，反之曲线越"高瘦"。

定义 2-17 称 $X\sim N(0,1)$ 时的概率密度函数为标准密度函数：

$$\varphi(x)=\frac{1}{\sqrt{2\pi}}\mathrm{e}^{-x^2/2}$$

对应的累积分布函数称为标准累积分布函数：

$$\Phi(x)=\frac{1}{2}\mathrm{erf}\left(\frac{x}{\sqrt{2}}\right) \tag{2-1}$$

式中，$\mathrm{erf}(x)=\dfrac{1}{\sqrt{\pi}}\displaystyle\int_{-x}^{x}\mathrm{e}^{-t^2}\mathrm{d}t$ 是误差函数。

定理 2-8 若 $X\sim N(\mu,\sigma^2)$，则 $\dfrac{X-\mu}{\sigma}\sim N(0,1)$。此时

$$\begin{aligned}\Pr(X\in[a,b])&=\Pr\left(\frac{X-\mu}{\sigma}\in\left[\frac{a-\mu}{\sigma},\frac{b-\mu}{\sigma}\right]\right)\\&=\Phi\left(\frac{b-\mu}{\sigma}\right)-\Phi\left(\frac{a-\mu}{\sigma}\right)\end{aligned}$$

式中，$\Phi(x)$ 由公式(2-1)定义。

此外，对于负数的情况：

注 2-1

$$\Phi(-x)=1-\Phi(x)$$

以下为常用的积分结果：

注 2-2

$$\int_{-\infty}^{+\infty}\mathrm{e}^{-x^2}\mathrm{d}x=\sqrt{\pi}\int_{-\infty}^{+\infty}\mathrm{e}^{-x^2/2}\mathrm{d}x=\sqrt{2\pi}$$

2.2 数学期望及其性质

2.2.1 数学期望的定义

定义 2-18 对于离散型随机变量 X，其分布规律为 $\{X_i:p_i\}$。若它的概率与对应取值的加权级数绝对收敛，也即

$$\sum_{k=1}^{n}|X_k|p_k\leqslant+\infty$$

那么这个随机变量就可以定义数学期望为

$$E[X]=\sum_{k=1}^{n}X_k p_k$$

定义 2-19 对连续型随机变量 X，若 $X\sim f(x)$，且 $f(x)$ 是绝对可积的，也即

$$\int_{-\infty}^{+\infty}|x|f(x)\mathrm{d}x\leqslant+\infty$$

那么这个随机变量就可以定义数学期望为

$$E[X]=\int_{-\infty}^{+\infty}xf(x)\mathrm{d}x$$

数学期望可以定义的前提是绝对收敛和绝对可积。表 2-1 所示为 2.1.1 节和 2.1.2 节中出现的随机变量及其数学期望。

表 2-1 随机变量及其数学期望

分布	数学期望
$X\sim B(n,p)$	$E[X]=np$
$X\sim \mathrm{Geo}(p)$	$E[X]=\frac{1}{p}$
$X\sim \mathrm{Pois}(\lambda)$	$E[X]=\lambda$
$X\sim \mathrm{Exp}(\lambda)$	$E[X]=\lambda$
$X\sim U(a,b)$	$E[X]=\frac{a+b}{2}$
$X\sim N(\mu,\sigma)$	$E[X]=\mu$

2.2.2 数学期望的性质

定理 2-9 数学期望符合线性变换，即

$$E[\lambda_1X_1+\lambda_2X_2+\cdots+\lambda_nX_n]=\lambda_1E[X_1]+\lambda_2E[X_2]+\cdots+\lambda_nE[X_n]$$

定理 2-10 若$X_1, X_2, \cdots, X_n$独立，则

$$E[X_1 \cdots X_n] = E[X_1] \cdots E[X_n]$$

对于经过函数变换的随机变量，数学期望的存在性验证和求法只不过是将变换后的变量看作是参与计算的随机变量，对应的概率密度函数保持不变。

定理 2-11 对离散型随机变量 $\Pr(X = a_i) = p_i, i = 1, \cdots, n$（$n$ 可以为∞），若 $\sum_{i=1}^{n} |g(a_i)| p_i \leqslant +\infty$，

那么

$$E[g(X)] = \sum_{i=1}^{n} g(a_i) p_i$$

定理 2-12 对连续型随机变量 $X \sim f(x)$，若 $\int_{-\infty}^{+\infty} |g(x)| f(x) \mathrm{d}x < +\infty$，

那么

$$E[g(X)] = \int_{-\infty}^{+\infty} g(x) f(x) \mathrm{d}x$$

例 2-1 设随机变量 X 的期望存在，试证明：

(1) 若 X 为可以取非负整值的离散随机变量，则

$$E[X] = \sum_{n=1}^{\infty} \Pr(X \geqslant n) = \sum_{n=0}^{\infty} \Pr(X > n)$$

(2) 若 X 为可以取非负值的连续型随机变量，则

$$E[X] = \int_{0}^{+\infty} (1 - F(x)) \mathrm{d}x$$

(3) 若 X 为非负随机变量，则(2)中的结论依然成立。

证明：(1)和(2)需要分别凑出期望的形式。要注意的是，一般处理无穷级数是比较难的，所以不妨先规定离散型随机变量的取值上限为 n，接着就可以推导出结论。而(2)则是利用了不等式链在积分换序下不变的性质。(3)的证明则需要考虑间断点，而不能归于具体形式的推演。

证毕。

2.3 方差、标准差与矩

2.3.1 方差与标准差

定义 2-20 设随机变量 X，该变量的方差定义为

$$\mathrm{Var}[X] = E[(X - E[X])^2]$$

展开上式的右边，可以得到方差的等价表述：

$$\mathrm{Var}[X] = E[X^2] - (E[X])^2$$

定义 2-21 随机变量的标准差为其方差的算术平方根：

$$\sigma = \sqrt{\mathrm{Var}[X]}$$

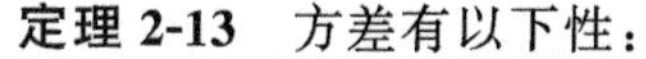

定理 2-13 方差有以下性：

(1) $\text{Var}[X] \geqslant 0$，因此 $E[X^2] \geqslant (E[X])^2$ 和 $E[X^2] \geqslant \text{Var}[X]$；

(2) $\text{Var}[X]=0$，当且仅当 $\Pr(X=E[X])=1$，此时我们称 X 退化到 $E[X]$；

(3) $\text{Var}[aX+b]=a^2\text{Var}[X]$；

(4) 方差是对平方残差和的最小估计，也即 $\forall C$，有 $\text{Var}[X] \leqslant E[(X-C)^2]$，其中等号成立当且仅当 $C=E[X]$；

(5) 一般情况下，我们并没有 $\text{Var}[aX+bY]=a\text{Var}[X]+b\text{Var}[Y]$，这是因为

$$\begin{aligned}\text{Var}[X+Y] &= E[(X-EX+Y-EY)^2] \\ &= E[(X-E[X])^2]+E[(Y-EY)^2]+ \\ &\quad 2E((X-E[X])(Y-EY)) \\ &= \text{Var}[X]+\text{Var}[Y]+2\text{Cov}(X,Y)\end{aligned}$$

有最后一项交叉项的存在。当 X 和 Y 相互独立时，才有如下(类)线性的关系：

$$\text{Var}[aX+bY]=a^2\text{Var}[X]+b^2\text{Var}[Y]$$

表 2-2 是表 2-1 中随机变量的方差。

表 2-2 随机变量及其方差

分布	方差
$X \sim B(n,p)$	$\text{Var}[X]=npq=np(1-p)$
$X \sim \text{Geo}(p)$	$\text{Var}[X]=\dfrac{1-p}{p^2}$
$X \sim \text{Pois}(\lambda)$	$\text{Var}[X]=\lambda$
$X \sim \text{Exp}(\lambda)$	$E[X]=\lambda$
$X \sim U(a,b)$	$\text{Var}[X]=\dfrac{(b-a)^2}{12}$
$X \sim N(\mu,\sigma)$	$\text{Var}[X]=\sigma^2$

定义 2-22 我们称

$$X^* = \frac{X-E[X]}{\sqrt{\text{Var}[X]}}$$

为 X 的标准化随机变量。易知 $E[X^*]=0$，$\text{Var}[X^*]=1$。

2.3.2 矩

定义 2-23 设 X 为随机变量，$C \in \mathbb{R}$，$r \in \mathbb{N}_+$，则

$$E[(X-C)^r]$$

称为 X 关于 C 点的 r 阶矩(若存在的话)。

特别地：

(1) 若 $C=0$，此时

$$\alpha_r = E[X^r]$$

称为 X 的 r 阶原点矩；

(2) 若 $C=E[X]$，此时

$$\mu_r = E[(X-E[X])^r]$$

称为 X 的 r 阶中心矩。

2.4 生成函数(Probability-Generating Function,PGF)与矩母函数(Moment-Generating Function,MGF)

定义 2-24 定义离散型随机变量的生成函数:

$$g_X(s)=E[s^X]=\sum_{k=1}^{n} s^k Pr(X=k)$$

显然,生成函数与分布函数一一对应。

定理 2-14 离散型随机变量 X 和 Y 相互独立,当且仅当

$$g_{X+Y}(s)=g_X(s)+g_Y(s)$$

证明上述定理是显然的。因为上式等价于 $E[s^X s^Y]=E[s^X]E[s^Y]$。

定义 2-25 连续型随机变量 X 的矩母函数为

$$\varphi_X(t)=E[\mathrm{e}^{tX}],t\in\mathbb{R}$$

显然,矩母函数与分布函数也是一一对应。其独立性也有类似的性质:

定理 2-15 连续型随机变量 X,Y 独立当且仅当

$$\varphi_{X+Y}(t)=\varphi_X(t)+\varphi_Y(t)$$

矩母函数还可以用来求解原点矩。

表 2-3 是表 2-1 中随机变量的生成函数或矩母函数。

表 2-3 随机变量及生成函数或矩母函数

分布	生成函数 $g_X(s)$ 或矩母函数 $\varphi_X(t)$
$X\sim B(n,p)$	$g_X(s)=1-p+ps$
$X\sim \mathrm{Geo}(p)$	$g_X(s)=\dfrac{pz}{1-(1-p)z}$
$X\sim \mathrm{Pois}(\lambda)$	$g_X(s)=\mathrm{e}^{\lambda(z-1)}$
$X\sim \mathrm{Exp}(\lambda)$	$\varphi_X(t)=\dfrac{\lambda}{\lambda-t},t<\lambda$
$X\sim U(a,b)$	$\varphi_X(t)=\begin{cases}\dfrac{\mathrm{e}^{tb}-\mathrm{e}^{ta}}{t(b-a)}, & t\neq 0\\ 1, & t=0\end{cases}$
$X\sim N(\mu,\sigma)$	$\varphi_X(t)=\exp(\mu t+\sigma^2 t^2/2)$

定理 2-16 $E[X^n]=\varphi_X^{(n)}(t)\big|_{t=0}$

当 $n=1$ 时,

$$E[X]=\varphi_X'(0)$$

2.5 概率中的不等式

命题 2-1 （马尔可夫不等式，Markov's Inequality）：对于非负随机变量 $X(X>0)$，

$$\Pr(X\geqslant x)\leqslant\frac{1}{x}E[X]$$

证明：考虑随机变量

$$Y=\begin{cases}x, & X\geqslant x\\0, & \text{其他}\end{cases}$$

由于 X 是非负值，我们有 $Y\leqslant X$。因此

$$E[X]\geqslant E[Y]=x\Pr(X\geqslant x)$$

证毕。

命题 2-2 （切比雪夫不等式，Chebyshev's Inequality）：对于一个非负随机变量 $X(X>0)$，其均值为$[X]$，方差为 $\mathrm{Var}[X]$，$\Pr(|X-E[X]|\geqslant x)\leqslant\frac{\mathrm{Var}[X]}{x^2}$。

证明：根据马尔可夫不等式可知

$$\Pr(|X-E[X]|\geqslant x)=\Pr(|X-E[X]|^2\geqslant x^2)\leqslant\frac{1}{x^2}E\ |X-E[X]|^2$$

证毕。

命题 2-3 （切尔诺夫约束，Chernoff Bound）对于随机变量 $X(X>0)$和 $\theta(\theta>0)$，我们有 $\Pr(X\geqslant x)\leqslant \mathrm{e}^{-\theta x}E^{\theta X}$。

证明：从马尔可夫不等式中可以得出

$$\Pr(X\geqslant x)=\Pr(\mathrm{e}^{\theta X}\geqslant \mathrm{e}^{\theta x})\leqslant \mathrm{e}^{-\theta x}E\,\mathrm{e}^{\theta X}$$

证毕。

2.6 随机过程

2.6.1 随机过程的概念

在概率论中，为了描述随机现象，我们定义了一个或有限个随机变量（或随机向量），即对随机试验中每一个基本事件 $e\in\Omega$（Ω 为样本空间），可用一个或几个数来描述。但还有许多随机现象，其随机试验的结果 e，仅用一个或几个数来描述是不够的。有些随机现象还必须研究它的发展过程，这种随机现象对应于一次随机试验，其结果需要用时间 t 的一个函数来描述，这就必须用一族随机变量才能刻画这种随机现象的全部统计规律性。通常我们称这样的随机变量族为随机过程（Stochastic Process）。

为了进一步理解随机过程的概念，我们来看一个例子：通信系统带宽 $X(t)$。假如对一

个无线通信系统网元的带宽进行一次“长时间”的观察，可能得到如图 2-1 中所示的某一条起伏的曲线$x_1(t)$。对该无线通信系统进行多次“长时间”的观察，多次的系统带宽为$x_2(t)$，$x_3(t)$，…而所有可能的系统带宽$x_1(t)$，$x_2(t)$，…，$x_n(t)$，…的集合构成了随机过程 $X(t)$。$x_1(t)$，$x_2(t)$，…，$x_n(t)$，…都是确知的时间函数，我们通常把它们称作随机过程的样本函数(Sample Function)或物理实现(Realization)。在一次试验结果中，随机过程必取其中一则样本函数，但究竟取哪一个则函数则带有随机性。这就是说，在试验前，不能确定出现哪一则样本函数。但在大量的观察中所得样本函数是具有统计规律性。因此，随机过程既是时间 t 的函数，也是随机试验可能结果 e 的函数，可记为 $X(t,e)$。类似于随机变量的定义，我们给出随机过程的如下两个定义。

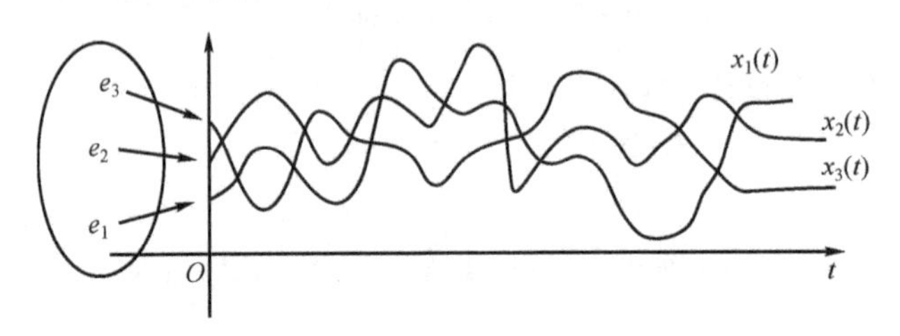

图 2-1　随机过程中的样本函数

定义 2-26　设 e 是随机试验，样本空间为 $\Omega=\{e\}$，若对每个样本点 $e\in\Omega$，总有一个时间函数 $X(t,e)$，$t\in T$ 与它相对应.这样对于所有的$e\in\Omega$所得到的一族时间 t 的函数$\{X(t,e),t\in T\}$称为随机过程，简记为$\{X(t),t\in T\}$。族中的每一则函数称为这个随机过程的样本函数。T 是参数t的变化范围，称为参数集(Parameter Set)。

由定义 2-26 可知

(1) 对于一个特定的试验结果e_i，则 $X(t,e_i)$是仅依赖于 t 的函数，称为随机过程的样本函数，它是随机过程的一次物理实现。随机过程 $X(t)$的样本函数用 $x(t)$表示，以避免与随机过程的记号 $X(t)$相混。因此随机过程也可以看作对每个 $e\in\Omega$ 依某种规律相对应一个参数 t 的函数$X(t,e)$，即在概率空间上定义了一个随机函数。

(2) 对于一个特定的时间t_i，$X(t_i,e)$取决于 e，所以是个随机变量，如图 2-2 所示，则称此随机变量为随机过程在 $t=t_i$时的状态变量(State Variable)，简称状态(State)。所有可能的状态所构成的集合称为状态空间(State Space)，记为 I，那么，对于所有的 $t\in T$，随机过程$\{X(t),t\in T\}$可以看成是依赖时间于 t 的一族随机变量。于是，得到下面的定义 2-26。

(3) 当 $t\in T$，$e\in S$ 都固定，则 $X(t,e)$为一数值，称此数值为随机过程在 t 时刻的某一确定的状态。

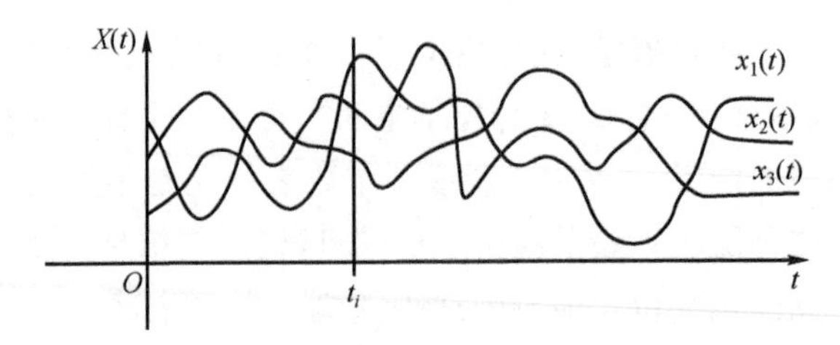

图 2-2　t_i时刻的随机过程样本函数

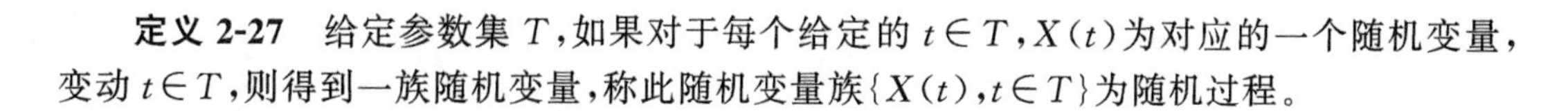

定义 2-27 给定参数集 T，如果对于每个给定的 $t \in T$，$X(t)$为对应的一个随机变量，变动 $t \in T$，则得到一族随机变量，称此随机变量族$\{X(t), t \in T\}$为随机过程。

2.6.2 随机过程的分类

随机过程有多种分类方法：

(1) 如果对任意的 $t \in T$，$X(t)$是连续型随机变量，则称随机过程$\{X(t), t \in T\}$为连续型随机过程；如果对任意的 $t \in T$，$X(t)$是离散型随机变量，称随机过程$\{X(t), t \in T\}$为离散型随机过程。

(2) 当参数集 t 为有限区间或无限区间时，则称$\{X(t), t \in T\}$是连续参数随机过程。若参数集为可列个数，则称 $X(t)$为随机序列；若随机序列的状态空间还是离散的，则称为离散参数链。

因此，随机过程可以根据其状态空间 I 和参数集 T 的连续或离散进行分类，如表 2-4 所示。

表 2-4 随机过程分类

参数集 T	状态空间 I	
	离散型	连续型
区间	离散型随机过程	连续型随机过程
可数集	离散参数链	随机序列

随机过程的分类，除了按参数集 T 与状态空间 I 是否连续外，还可以进一步根据过程$\{X(t), t \in T\}$的概率性质进行分类，如独立增量过程、马尔可夫过程、平稳过程等。

例 2-2 对电话总机接收到顾客呼叫的次数进行观察，以 $N(t)$表示在$[0, t]$时间内电话总机接收到顾客呼叫的次数。显然，当 t 固定时，$N(t)$是一个随机变量；而对于一切 $t \geqslant 0$，就得到一族随机变量 $N(t), t \geqslant 0$。对照表 2-4 可知，$N(t), t \geqslant 0$ 是一个连续参数、离散状态的随机过程。

2.7 本章小结

在本章中，我们简要地介绍了概率论与随机过程的基础知识，为深入研究随机网络演算提供理论基础。首先，我们探讨了随机变量的概念，并对离散型随机变量和连续随机变量进行了详细的分类和讨论。在离散型随机变量部分，我们学习了包括 0-1 分布、二项分布、泊松分布和几何分布在内的重要概率分布。在连续随机变量部分，我们讨论了均匀分布、指数分布和正态分布等基础分布模型。

接着，本章深入到了数学期望及其性质的讲解，明确了数学期望的定义并探讨了其基本性质。此外，我们还了解了方差、标准差、矩以及生成函数(PGF)与矩母函数(MGF)的概念，它们在描述随机变量的分布特征起到了核心作用。

本章还讨论了概率中的不等式，它们在评估随机事件的界限和概率估计中扮演着重要角色。本章对随机过程的基本理论进行了介绍，包括随机过程的概念、分类和基本性质。

通过本章的学习，读者应能够对概率论与随机过程的基础理论有一个清晰的理解，并为后续的学习奠定基础。

第3章

随机网络演算基础与服务质量指标分析

网络演算是一种用于分析通信网络 QoS 的理论。其基本思想是利用最小加代数(Min-Plus Algebra)和最大加代数(Max-Plus Algebra)[7]将复杂的非线性网络系统转化为可分析的线性系统。网络演算自 20 世纪 90 年代初问世以来[8-10],一直沿着确定性和随机性两条支线发展。确定性网络演算已被用于计算机网络的设计,用于调节流量并提供确定性服务保障[4,5]。

由于无线衰落信道具有时变的特点,确定性服务质量保障就会失去现实意义。本书通过采用随机网络演算中的有效带宽模型和有效容量理论分析通信系统中的随机服务质量特征。20 世纪 90 年代初,随机延时保障以有效带宽(Effective Bandwidth,EB)理论的形式在 ATM 网络中得到了广泛的研究[4,11-13]。有效带宽定义为满足特定延时服务质量要求下的最小应提供服务速率。有效带宽理论极大地方便了网络性能分析,比如数据积压分布、缓存溢出概率等统计特性。有效容量(Effective Capacity,EC)模型则以延时中断概率作为统计延时指标的跨层容量模型,最早由 Wu 和 Negi[14]于 2003 年提出。有效容量与有效带宽互为对偶关系,更准确地说,有效容量模型来源于有效带宽模型。

有效带宽和有效容量理论提供了一种针对无线通信系统中给定延时中断概率的约束下最大系统吞吐量的度量方式。近年来,有效容量理论已被用于各种延时敏感系统的容量研究[15-23]。文献[19]基于有效容量分析了先进先出 FIFO 排队系统的排队延时,并且精确求解了延时的互补累计分布函数(Complementary Cumulative Distribution Function,CCDF)表达式。文献[24]续文献[19]的工作将单根有效容量模型扩展至多根场景。本章将详细介绍基于随机网络演算基础的服务质量分析方法。

3.1 无线通信系统模型

我们首先考虑的是单位离散步长的离散时域。我们采用的惯例是,当且仅当一个数据包的最后一位到达网元时,才认为该数据包被网元接收;当且仅当数据包的最后一位被网元传送时,才认为该数据包离开了网元。只有当数据包的最后一位到达时,数据包才能被送达。假定缓冲区在 0 时刻为空。业务流中的数据按先进先出顺序提供服务。

考虑图 3-1 所示的无线通信系统模型，该模型由四部分组成：

(1) 数据源；

(2) 发射器；

(3) 无线信道；

(4) 接收器。

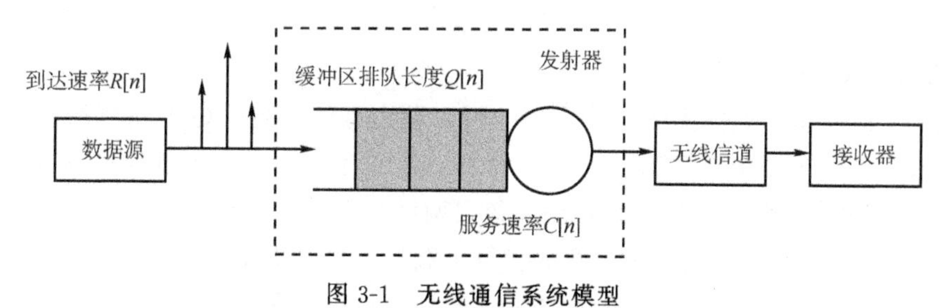

图 3-1 无线通信系统模型

发射器包含缓冲和服务单元。同时假设信道模型是块衰落的，即信道状态在每个传输间隔内保持不变。每个传输间隔的持续时间称为时间片持续时间，记为 T_S。综合上述假设，图 3-1 的系统模型是一个离散的通信系统，且该示意图展示了在时隙 n 的系统状态。在时隙 n，业务源/信息源产生 $A[n]$比特的数据，所以业务流的到达速率 $R[n]$为

$$R[n]=\frac{A[n]}{T_S} \tag{3-1}$$

$S[n]$代表在每个时隙通信系统最多可以传输的数据量(单位为比特)，则系统容量 $C[n]$为

$$C[n]=\frac{S[n]}{T_S} \tag{3-2}$$

假设在任何无线衰落信道中，$C[n]$取决于该信道的信噪比 $\gamma[n]$，缓冲区的数据积压为 $Q[n]$，并且：

(1) 业务流到达的速率 $R[1],R[2],\cdots$是独立同分布的随机变量，用 R 表示；

(2) 通信系统的服务速率 $C[1],C[2],\cdots$是独立同分布的随机变量，用 C 表示。

根据公式(3-1)和公式(3-2)可以得出以下结论：

(1) 业务流到达的数据长度 $A[1],A[2],\cdots$是独立同分布的随机变量，用 A 表示；

(2) 通信系统的最大传输数据量 $S[1],S[2],\cdots$是独立同分布的随机变量，用 S 表示。

3.2 有效带宽和有效容量的定义

3.2.1 有效带宽的定义

有效带宽描述的是排队系统中数据到达过程的随机行为。考虑一个时变数据源的有效带宽，其定义为在恒定服务速率条件下，且具有随机到达过程的排队系统中，为了满足对统计延时 QoS 保障的要求，系统需要提供最小的恒定服务速率。

$\Lambda_A(u)$是数据到达 A 的对数矩母函数，表示如下：

$$\Lambda_A(u)=\log E[\exp(uA)] \tag{3-3}$$

式中，$E[\cdot]$为期望算子。

定义 3-1 到达过程的有效带宽（记为$\alpha^{(b)}(u)$）定义为

$$\alpha^{(b)}(u)=\frac{\Lambda_A(u)}{T_S u},\forall u\geqslant 0 \tag{3-4}$$

式中，u 为 QoS 指数。

典型的有效带宽函数如图 3-2 所示[14]。可以看出有效带宽是 QoS 指数的增函数，即有效带宽随着 QoS 指数的增大而增大。u 越大表示系统对 QoS 的要求越严格，u 越小则表示系统对 QoS 的要求越宽松。这里特别需要指出两种极限情况：

(1) 当 QoS 指数为零时，有效带宽的值等于数据源的平均业务速率；

(2) 当 QoS 趋于无穷时，有效带宽的值等于峰值数据速率。

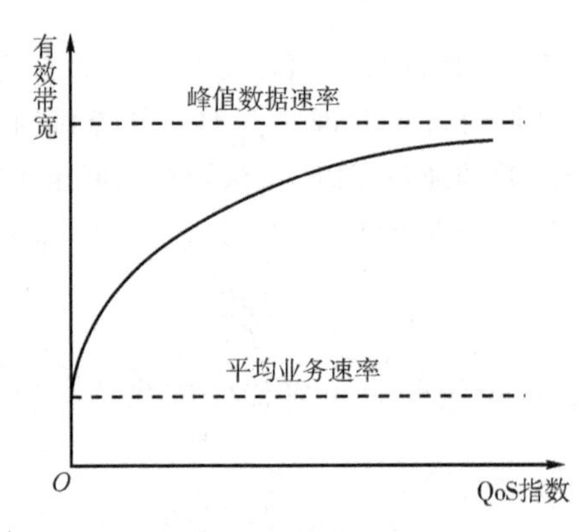

图 3-2 有效带宽$\alpha^{(b)}(u)$

3.2.2 有效容量的定义

有效容量是有效带宽的对偶形式，用于描述排队系统中数据服务过程的随机行为。对于一个由时变信道决定的服务过程，其有效容量的定义是：在恒定到达速率条件下，且具有随机服务过程的排队系统中，为了满足对统计延时 QoS 保障的要求，该系统可以支持的最大恒定到达业务速率。

服务 S 的对数矩母函数$\Lambda_S(-u)$表示如下：

$$\Lambda_S(-u)=\log E[\exp(-uS)] \tag{3-5}$$

式中，$E[\cdot]$为期望算子。

定义 3-2 服务过程的有效容量$\alpha^{(c)}(u)$定义为

$$\alpha^{(c)}(u)=-\frac{\Lambda_S(-u)}{T_S u},\forall u\geqslant 0 \tag{3-6}$$

式中，u 为 QoS 指数，用于描述系统对延时 QoS 的约束程度。

典型的有效容量函数如图 3-3 所示[14]。从图中可以发现有效容量是 QoS 指数的减函数，即有效容量随着 QoS 指数的增大而减小。由此可见，随着系统对 QoS 要求变得更加严格，在满足统计延时 QoS 保障的条件下，系统能够支持的到达速率降低。类似于有效带宽理论，当 QoS 指数为零时，有效容量等于信道容量。当 QoS 趋于无穷时，有效容量的值将等于零。

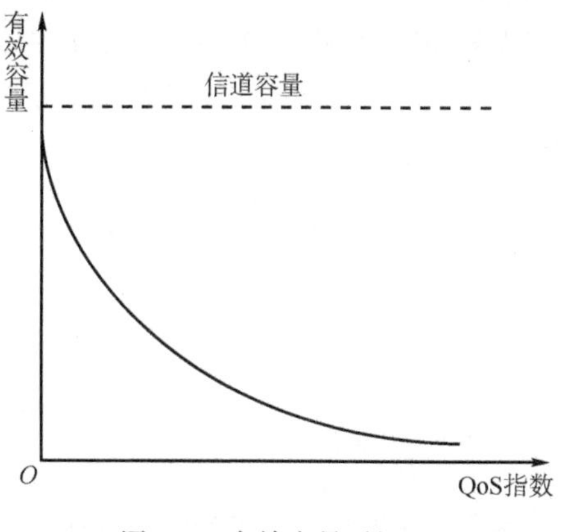

图 3-3 有效容量$\alpha^{(c)}(u)$

另外需要特别指出：当信道的香农容量小于数据源的平均到达率，由于有效容量和有效带宽分别是 QoS 指数的减函数和增函数，在这种情况下有效容量将始终小于有效带宽，系统将无法提供统计延时 QoS 保障，排队系统的队列长度将不断增长，缓存趋于无穷。

3.3 有效带宽与有效容量理论

对于排队系统，到达过程和服务过程通常情况下都是随机过程。由于有效带宽和有效容量分别描述了排队系统中到达过程和服务过程的随机行为，则在同一排队系统中，有效带宽与有效容量之间的关系如图 3-4 所示[25]。从图上可以看出，当 QoS 指数等于 0 时，即系统对延时 QoS 保障没有要求，则系统的有效容量和有效带宽将分别等于信道的香农容量和数据源的平均到达速率。

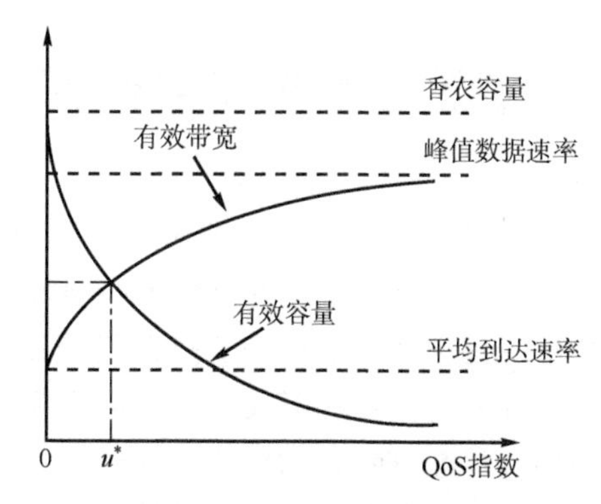

图 3-4 有效带宽和有效容量根据信道的香农容量和数据源的平均到达速率之间的大小关系

排队系统将存在以下两种情况。

1. QoS 指数,u^*

当信道的信道容量大于业务源的平均到达率时,有效容量和有效带宽两条曲线将至少相交于一个点,如图 3-4 所示。如果对数矩母函数$\Lambda_A(u)$和$\Lambda_S(-u)$在 $u\in(-\infty,\infty)$范围内都是有限且可微[26],那么只要存在一个唯一的 QoS 指数$u^*>0$ 满足

$$\alpha^{(b)}(u^*)=\alpha^{(c)}(u^*) \tag{3-7}$$

则缓冲区数据积压 Q 满足公式(3-7):

$$\lim_{B\to\infty}\frac{1}{B}\log\Pr(Q>B)=-u^* \tag{3-8}$$

式中,B 是缓冲区中积压长度的自变量。

同时,延时 D 满足公式(3-9):

$$\lim_{t\to\infty}\frac{1}{t}\log\Pr(D>t)=-\theta^* \tag{3-9}$$

式中,t 代表延时自变量,θ^* 为延时 QoS 指数且与 QoS 指数u^* 满足

$$\theta^*=u^*\alpha^{(b)}(u^*) \tag{3-10}$$

2. 非空缓冲概率,p_b

当 B 的取值较小时,缓冲区数据积压长度的互补累积分布函数 CCDF 可以表示为

$$\Pr(Q>B)\approx p_b\exp(-u^*B) \tag{3-11}$$

式中,p_b为非空缓冲区概率,即$p_b=\Pr(Q>0)$。p_b可以通过公式(3-12)近似估计[20]:

$$p_b\approx\frac{P(A>S)}{1-P(Q^++A>S)+P(A>S)} \tag{3-12}$$

式中,$f_{Q^+}(b)$是一个辅助函数,被定义为

$$f_{Q^+}(b)=\begin{cases}u^*\exp(-u^*b), & B\geqslant 0\\ 0, & b<0\end{cases} \tag{3-13}$$

类似地当 t 的取值较小时,延时 D 的互补累积分布函数 CCDF 可以表示为

$$P(D>t)\approx p_w\exp(-\theta^*t) \tag{3-14}$$

式中,p_w为非零延时概率。

3.4 载波聚合技术系统模型

随着未来移动通信系统中各终端无线接入接口的多样化以及对带宽等资源的要求越来越高,与传统的单链路传输方式相比,多径并发传输技术在诸多方面都显示出了优势。文献[27]指出,聚合链路的吞吐量在理想情况下将是多条链路的吞吐量之和。通过将多条链路的传输性能聚合在一起,多径并发传输系统不仅大大提高了网络资源利用率和业务传输速率,而且有效地提升了网络的鲁棒性,保证数据的可靠传输。

对于链路层多径并发传输技术,实现方式主要是链路聚合(Link Aggregation)技术,通过信道聚合将多个物理信道绑定到一起形成一个新的逻辑信道,实现链路层多径并发传输。链路层多径并发传输技术的主要优势在于可以获取信道各种参数,如编码发送速率,从而可以动态调整参数适应环境变化,降低数据包乱序率,提高网络带宽。

对于多载波系统，有效容量模型则经常用于研究其在延时 QoS 约束下的资源分配等问题。文献[28]通过将信息论和有效容量的概念相结合，针对多载波系统提出了一种功率和速率自适应方案，在保证给定延时 QoS 约束条件下最大化系统吞吐量，使多载波通信系统同时实现高吞吐量和严格的 QoS 要求。文献[29]基于有效容量模型，提出了一种针对点对点多载波链路的能量和频谱有效功率分配方案。文献[30]针对下行多用户多载波系统，提出一种基于延时 QoS 的低复杂度频率分配方案，解决了不同用户对有效容量要求不同的问题。

图 3-5 所示为多载波无线通信系统模型在第 n 个时隙的系统状态。在这个时隙内：

(1) 业务源产生 $A[n]$的数据。

(2) 第 i 个子载波接收信噪比(Signal-to-Noise Ratio，SNR)的值为$\gamma_i[n]$ dB。

(3) 发射机在第 i 个衰落信道和所有衰落信道上能够传输的数据量(比特)分别为 $S_i[n]$和 $S[n]$。

(4) 第 i 个子载波和所有载波的服务速率(bit/s)分别为$C_i[n]$和 $C[n]$。显然，有如下关系成立：

$$S[n]=\sum_{i=1}^{K} S_i[n]$$

和

$$C_i[n]=\frac{S_i[n]}{T_S} \tag{3-15}$$

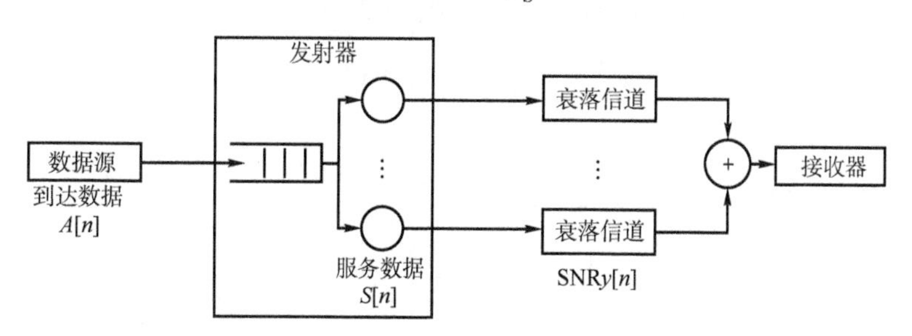

图 3-5 多载波无线通信系统模型

首先，假设在第 1，2，…个时隙到达的业务流 $A[1]$，$A[2]$，…是独立同分布的随机变量，等同于随机变量 A。数据的到达符合概率参数为 p 的伯努利过程，数据长度符合平均数据长度为$\overline{L}$的指数分布。因此，A 的概率密度函数是

$$f_A(a)=\begin{cases} p\,\dfrac{1}{\overline{L}}\exp\left(-\dfrac{1}{\overline{L}}a\right), & a>0 \\ 1-p, & a=0 \end{cases} \tag{3-16}$$

且数据平均到达速率 $\mu=p\,\overline{L}/T_S$。

接下来，假设每个子载波的接收信噪比的值是相互独立的，且$\gamma_i[1]$，$\gamma_i[2]$，…是独立同分布的随机变量，等同于随机变量γ_i。此外，$S_i[n]$的值完全取决于$\gamma_i[n]$，即$S_i[n]$是$\gamma_i[n]$的函数：

$$S_i[n]=g_i(\gamma_i[n]) \tag{3-17}$$

第 i 个子载波在第 n 个时隙的服务速率由香农容量确定：

$$C_i[n]=B_i\log_2(1+\gamma_i[n]) \tag{3-18}$$

式中，B_i是第i个子载波的带宽。因此，$S_i[n]$为

$$S_i[n]=g_i(\gamma_i[n])=T_S B_i\log_2(1+\gamma_i[n]) \tag{3-19}$$

则第i个子载波在第1，2，…个时隙的数据服务量$S_i[1]$，$S_i[2]$，…也是独立同分布的随机变量，等同于随机变量S_i。考虑第i个子载波的统计为Nakagami-m分布，其概率密度函数为

$$f_{\gamma_i}(\gamma)=\frac{1}{\Gamma(m_i)}\left(\frac{m_i}{\overline{\gamma}_i}\right)^{m_i}\gamma^{m_i-1}\exp\left(-\frac{m_i\cdot\gamma}{\overline{\gamma}_i}\right),\gamma\geqslant 0 \tag{3-20}$$

式中，$\Gamma(\cdot)$是Gamma函数，m_i是信道衰落参数，$\overline{\gamma}_i$是信道平均信噪比。随着m的变化，该模型能够描述广泛的衰落信道，如当$m=1/2$时，为单边高斯衰落信道；当$m=1$时，为瑞利衰落信道；当$m>1$时，近似为莱斯与正态分布衰落信道；当$m=\infty$时，即为加性高斯白噪声信道。

1. 多载波无线通信系统端到端延时精确估计

考虑如图3-5所示的系统模型，当数据到达符合概率参数为p伯努利过程并且数据长度服从平均数据长度为$\overline{L}$的指数分布，则公式(3-11)中的非空缓冲区概率p_b可以近似为[31]

$$p_b\approx 1-u^*\overline{L}=1-u^*\mu T_S/p \tag{3-21}$$

由公式(3-11)可知$E[Q]=p_b/u^*$，即

$$E[Q]=\frac{1-u^*L}{u^*} \tag{3-22}$$

根据公式(3-4)和公式(3-16)，到达A的有效带宽为

$$\begin{aligned}\alpha^{(b)}(u)&=\frac{1}{T_S u}\log E[\exp(uA)]\\&=\frac{1}{T_S u^*}\log\left(\int_0^{\infty}\frac{p}{\overline{L}}\mathrm{e}^{(u^*-\frac{1}{L})a}\mathrm{d}a+(1-p)\right)\\&=\frac{1}{T_S u^*}\log\left(\frac{p}{1-u^*\overline{L}}+1-p\right)\end{aligned} \tag{3-23}$$

结合公式(3-10)可得延时指数θ^*为

$$\theta^*=\frac{1}{T_S}\log\left(\frac{p}{1-u^*\overline{L}}+1-p\right) \tag{3-24}$$

则公式(3-14)可表示为

$$\Pr(D>t)\approx p_w\exp(-\theta^* t)=p_w\left(\frac{1-u^*\overline{L}}{1-(1-p)u^*\overline{L}}\right)^{\frac{t}{T_S}} \tag{3-25}$$

同时，可以得到$E[D]$为

$$E[D]=\frac{1-(1-p)u^*\overline{L}}{pu^*\overline{L}}\cdot p_w \tag{3-26}$$

考虑任意排队系统，根据Little's Law可知：

$$E[D]=\frac{E[Q]}{p\overline{L}} \tag{3-27}$$

将公式(3-22)中的$E[Q]$和公式(3-26)中的$E[D]$代入公式(3-27)，即可得到非零延时概率为

$$p_w=\frac{1-u^*\overline{L}}{1-(1-p)u^*\overline{L}} \tag{3-28}$$

因此延时的互补累积分布函数可以近似为

$$\Pr(D>t)\approx\left(\frac{1-u^*\overline{L}}{1-(1-p)u^*\overline{L}}\right)^{\frac{t}{T_S}+1} \tag{3-29}$$

为了完成对系统端到端延时的精确估计，剩下的步骤即是找到满足公式(3-7)的 QoS 指数 u^*。根据公式(3-6)、公式(3-19)和公式(3-20)，服务S_i的有效容量可以表示为

$$\begin{aligned}\alpha_i^{(c)}(u)&=\frac{-1}{T_S u}\log E[\exp(-u\,S_i)]\\&=\frac{-1}{T_S u}\log\int_0^\infty \exp(-us)f_{S_i}(s)\mathrm{d}s\\&=\frac{-1}{T_S u}\log\int_0^\infty \exp(-ug_i(\gamma))f_{\gamma_i}(\gamma)\mathrm{d}\gamma\end{aligned} \tag{3-30}$$

因为每个子载波都是相互独立的，所以多载波系统的有效容量为所有子载波有效容量值的线性求和：

$$\alpha^{(c)}(u)=\sum_{i=1}^{K}\alpha_i^{(c)}(u) \tag{3-31}$$

根据公式(3-23)、公式(3-30)、公式(3-31)和公式(3-7)可表示为

$$\begin{aligned}&\frac{1}{T_S u^*}\log\left(\frac{p}{1-u^*\overline{L}}+1-p\right)\\&=-\frac{1}{T_S u^*}\sum_{i=1}^{K}\log\int_0^\infty \exp(-ug_i(\gamma))f_{\gamma_i}(\gamma)\mathrm{d}\gamma\end{aligned} \tag{3-32}$$

得到满足公式(3-32)的 u^* 本质上是一个非线性方程的求根问题，可以用任意数值方法来解决，文献[18,19]中均使用二分法进行求解，算法具体如表 3-1 所示。在该算法中，ε_e表示有效带宽和有效容量之间的差值，即

$$\varepsilon_e=\alpha^{(c)}(u)-\alpha^{(b)}(u) \tag{3-33}$$

因为有效带宽$\alpha^{(b)}(u)$是一个单调递增函数，而有效容量$\alpha^{(c)}(u)$是一个单调递减函数，所以 ε_e是一个单调递减函数。u_l表示 u^* 的下界，u_u表示 u^* 的上界。因为当$u^*\geqslant 1/\overline{L}$时，$\alpha^{(b)}(u)$将变为无穷大，见公式(3-23)，所以 QoS 指数 u^* 总是小于 $1/\overline{L}$，即 $0<u^*<1/\overline{L}$。此外，ε_t表示对求解结果的精度要求。

表 3-1 二分法求解 u^*

INITIALIZE ε_t {e.g., $\varepsilon_t=10^{-3}$}
$u_l=0$
$u_u=1/L$
$u=(u_l+u_u)/2$ {the 1st guess about u^* }
WHILE $\lvert\varepsilon_e\rvert>\varepsilon_t$
IF $\varepsilon_e>0$

续表

$u_l = u$
ELSE
$u_u = u$
END IF
$u = (u_l + u_u)/2$
$\varepsilon_e = \alpha^{(c)}(u) - \alpha^{(b)}(u)$
END WHILE
$u^* = u$

2. 仿真分析

基于图 3-5 的系统模型，搭建了一个具有 Nakagami-m 衰落信道的仿真平台，其中数据到达符合伯努利分布并且数据长度服从指数分布。根据文献[20]和文献[19]中的参数设置，假设信道平均信噪比 $\overline{\gamma}$、子载波带宽 B 和每个时隙持续的时间 T_S 分别等于 10 dB、180 kHz 和 1 ms，并设置伯努利概率参数 p 等于 0.5。Nakagami-m 衰落信道模型随着信道衰落参数 m 的变化可以用于描述广泛的衰落信道，本节将考虑的三个信道为，单边高斯衰落信道 $m=1/2$、瑞利衰落信道($m=1$)以及近似莱斯衰落信道 $m=2$。

下面将对具有 100 个子载波的多载波系统 $K=100$ 进行测试，设置系统业务负载 ρ 的取值为 0.3(低业务负载)、0.6、0.9(高业务负载)，业务负载 ρ 定义为平均到达率和平均服务率的比值，即

$$\rho = \frac{E[A]}{E[S]} = \frac{E[A]}{\sum_{i=1}^{K} E[S_i]} \tag{3-34}$$

本节总共测试了九个仿真场景，每次仿真的运行时间均为 2 000 s，即在每次运行中均产生了 200 万个到达数据样本。具体仿真参数如表 3-2 所示。

表 3-2　仿真参数

参数	值
信道平均信噪比，$\overline{\gamma}$	10 dB
子载波带宽，B	180 kHz
信道模型	Nakagami-m 分布
信道衰落参数，m	1/2、1 和 2
时隙持续时间，T_S	1 ms
子载波数量，K	100
伯努利概率参数，p	0.5
业务负载，ρ	0.3，0.6，0.9
仿真时间	2 000 s

图 3-6、图 3-7 和图 3-8 分别所示为不同衰落信道下多载波系统 $K=100$ 在不同业务负载下的仿真和分析结果的对比情况。x 轴是延时界限，单位为 ms，y 轴是延时中断概率的对数表示。对于任意一个仿真场景，仿真结果都是基于 200 万个到达数据样本得到，分析结果则由公式(3-29)计算得到，其中 QoS 指数u^* 使用二分法进行数值求解，不同仿真场景下 u^* 的值(四舍五入精确到小数点后六位)，如表 3-3 所示。

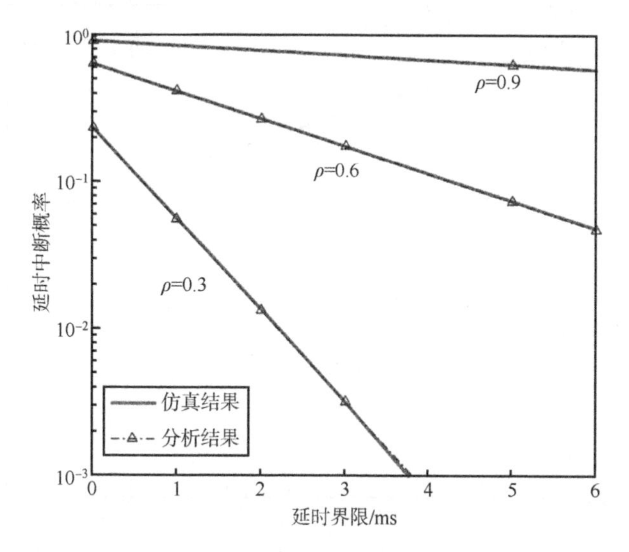

图 3-6　延时中断概率的仿真与分析结果对比图($m=1/2$)

如图 3-6 所示，在单边高斯衰落信道上，对于具有不同业务负载的多载波系统，仿真结果和分析结果几乎全都互相重叠，表明本章得到的公式(3-29)可以精确地估计单边高斯衰落信道上具有指数到达过程且数据到达服从伯努利分布的多载波系统中端到端延时的互补累积分布函数。

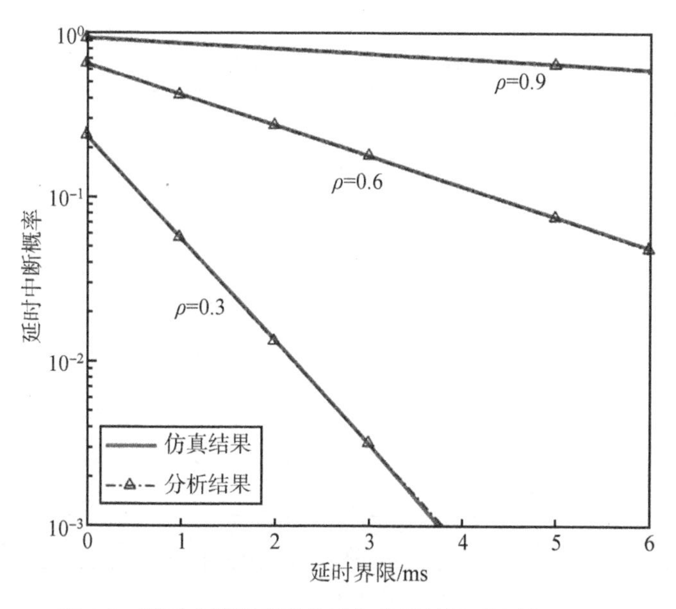

图 3-7　延时中断概率的仿真与分析结果对比图($m=1$)

如图 3-7 所示，在瑞利衰落信道上，对于具有不同业务负载的多载波系统，仿真结果和分析结果同样几乎全都互相重叠，表明本章得到的公式(3-29)可以精确地估计瑞利衰落信道上具有指数到达过程且数据到达服从伯努利分布的多载波系统中端到端延时的互补累积分布函数。

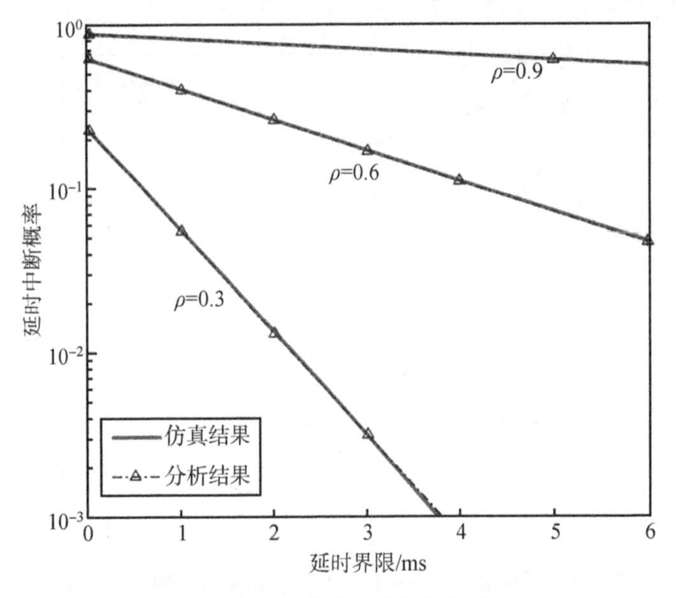

图 3-8　延时中断概率的仿真与分析结果对比图($m=2$)

如图 3-8 所示，在近似莱斯衰落信道上，对于具有不同业务负载的多载波系统，仿真结果和分析结果还是几乎全都互相重叠，表明本章得到的公式(3-29)可以精确地估计单边高斯衰落信道上具有指数到达过程且数据到达服从伯努利分布的多载波系统中端到端延时的互补累积分布函数。

表 3-3　QoS 指数u^*的值

仿真场景	ρ	u^*
$m=1/2$	$\rho=0.3$	0.000 320
	$\rho=0.6$	0.000 096
	$\rho=0.9$	0.000 016
$m=1$	$\rho=0.3$	0.000 276
	$\rho=0.6$	0.000 083
	$\rho=0.9$	0.000 014
$m=2$	$\rho=0.3$	0.000 253
	$\rho=0.6$	0.000 076
	$\rho=0.9$	0.000 013

3.5 多QoS根下的有效带宽和有效容量理论

在实际的无线通信系统中，每个时隙到达的数据长度通常不服从于一个简单的指数分布，而是可以估计为多个指数叠加的形式。为了适应实际系统中不同数据包到达的情况，假定其包长服从以下三种可能分布：

(1) 亚指数分布(Hypoexponential Distribution)，其概率分布函数为

$$f_A(x;M,\lambda,p)=\begin{cases}p\sum_{i=1}^{M}\left[\lambda_i\prod_{j=1,j\neq i}^{M}\frac{\lambda_j}{\lambda_j-\lambda_i}\right]\exp(-\lambda_i x), & x>0\\ 1-p, & x=0\end{cases}\tag{3-35}$$

(2) 超指数分布(Hyperexponential Distribution)，其概率分布函数为

$$f_A(x;M,\lambda,p)=\begin{cases}p\sum_{i=1}^{M}p_i\exp(-\lambda_i x), & \sum_{i=1}^{M}p_i=1,x>0\\ 1-p, & x=0\end{cases}\tag{3-36}$$

(3) 爱尔兰分布(Erlang Distribution)，其概率分布函数为

$$f_A(x;M,\lambda,p)=\begin{cases}p\frac{\lambda^n x^{n-1}\exp(-\lambda x)}{(M-1)!}, & x>0\\ 1-p, & x=0\end{cases}\tag{3-37}$$

式中，M 为状态数，λ 为到达参数。到达数据包平均包长 $\overline{L}=\sum_{i=1}^{M}1/\lambda_i$，到达速率 $\mu=p\overline{L}/T_S$。

考虑以上三种分布函数，根据公式(3-7)可以化简得到

$$\begin{aligned}&\alpha^{(b)}(u^*)=\alpha^{(c)}(u^*)\\&\Leftrightarrow\Lambda_R(u)=-\Lambda_C(-u)\\&\Leftrightarrow-\log\left(\sum_{i=1}^{N}E[\exp(uA)]\right)=\log(E[\exp(-uS))\\&\Leftrightarrow\left(\sum_{i=1}^{N}E[\exp(uA)]\right)(E[\exp(-uS))=1\\&\Leftrightarrow H(u)G(-u)=1\\&\Leftrightarrow 1-H(u)G(-u)=0\end{aligned}\tag{3-38}$$

式中，$H(u)=\prod_{i=1}^{M}E[\exp(uA)]$，$G(-u)=E[\exp(-uS)]$。通过Rouché's定理可以证明如下引理[32]：

引理3-1 当 $H(u)$ 存在 M 个极点时，公式(3-39)有 M 个根，即 M 个QoS指数，表示为 $u_1,u_2,\cdots,u_M$ 满足

$$1-H(u)G(-u)=0\tag{3-39}$$

由于 $H(u)$ 是关于到达数据概率分布的期望函数的乘积，所以当到达的数据服从单一

的指数分布时，$H(u)$有唯一极点且该系统存在1个QoS指；当到达的数据服从复杂的指数形式分布如爱尔兰分布，此时

$$H(u)=\left(\frac{a}{a+u}\right)^M \tag{3-40}$$

$H(u)$有M个极点且该系统存在M个QoS指数，M的大小取决于到达包长分布中不同的包长个数，即M个输入分布不同的数据源。由此得到

推论 3-1 当到达数据包长服从单一指数分布时，该系统存在一个根，当到达数据包长服从无限种复杂分布叠加时，该系统存在无限个根。

在实际无线通信系统中，Shortle等人给出了关于数据积压的互补累积分布函数的一般形式[33]：

$$Q(b)=1-\sum_{i=1}^{M} k_i \exp(u_i b) \tag{3-41}$$

公式(3-41)不仅适应于实数根和复数根，也适应于实数根复数根混合存在的多根无线通信系统。要得到$Q(b)$，只需求解出u_i和k_i。另外在复根情况下，u_i和k_i是以共轭复数对的形式出现，以上均在本章接下来的计算和仿真中给出结果。

3.5.1 边缘概率矩阵求解积压分布

假设u_i已知，本节将通过边缘概率矩阵求解系数k_i。定义：

(1) $n\times 1$的向量$\boldsymbol{U}=(u_1,u_2,\cdots,u_M)^{\mathrm{T}}$；

(2) $1\times n$的向量$\boldsymbol{K}=(k_1 k_2,\cdots,k_M)$。

公式(3-41)可通过向量化表示为

$$Q(b)=1-\boldsymbol{K}\exp(\boldsymbol{U}b)。 \tag{3-42}$$

考虑到系统存在发送空数据包的情况，并且队长为非负数，定义q为非空概率，则关于队长的概率密度函数可以用狄拉克δ函数表示为

$$f_Q(b)=qf_{Q+}(b)+(1-q)\delta(b) \tag{3-43}$$

其中

$$f_{Q+}(b)=-\frac{1}{q}\sum_{i=1}^{M} k_i u_i \exp(u_i b) \tag{3-44}$$

和

$$q=\sum_{i=1}^{M} k_i$$

定义n个随机独立变量且第i个变量U_i^+的概率密度函数为

$$f_{U_i^+}(b)=-u_i\exp(u_i b)$$

则公式(3-44)可表示为

$$f_{Q+}(b)=\frac{1}{q}\sum_{i=1}^{M} k_i f_{U_i^+}(b) \tag{3-45}$$

Lindley方程的基本形式为

$$Q[n+1]=\max\{0,Q[n]+V[n]-T[n]\}$$

结合公式(3-43)可以得到队长Q的违反边界概率：

$$\Pr(Q>b)=q\Pr(Q^{+}+V>T+b)+(1-q)\Pr(V>T+b) \tag{3-46}$$

式中，V 是数据在一个时隙内被服务的包，T 是在一个时隙内到达的数据包长。结合公式(3-44)至公式(3-45)和卷积(用 * 表示)对公式(3-46)进行扩展可得

$$\sum_{i=1}^{M} k_i \exp(u_i b)=\int_0^{\infty}\int_{y+b}^{\infty}(f_{Q+} * f_V)(x) f_T(y)\mathrm{d}x\mathrm{d}y + (1-q)\Pr(V>T+b)$$

上式等价于

$$\sum_{i=1}^{M} k_i \exp(u_i b)=\sum_{i=1}^{M} k_i \int_0^{\infty}\int_{y+b}^{\infty}(f_{U_i^+} * f_V)(x) f_T(y)\mathrm{d}x\mathrm{d}y + (1-q)\Pr(V>T+b)$$

进一步化简可得

$$\sum_{i=1}^{M} k_i(\exp(u_i b)-\Pr(U_i^{+}+V>T+b))=(1-q)\Pr(V>T+b)$$

将 b 用 $\Delta_1,\Delta_2,\Delta_3,\cdots,\Delta_n$ 代，可以生成 n 个等式

$$\begin{gathered}\sum_{i=1}^{M} k_i(1-\Pr(U_i^{+}+V>T+\Delta_1))=(1-q)\Pr(V>T+\Delta_1)\\ \sum_{i=1}^{M} k_i(\exp(u_i)-\Pr(U_i^{+}+V>T+\Delta_2))=(1-q)\Pr(V>T+\Delta_2)\\ \vdots\\ \sum_{i=1}^{M} k_i(\exp(u_i)-\Pr(U_i^{+}+V>T+\Delta_n))=(1-q)\Pr(V>T+\Delta_n)\end{gathered} \tag{3-47}$$

定义：

(1) $1\times n$ 的向量 $\boldsymbol{C}$，第 i 个元素 $c_i=\Pr(V>T+\Delta_i)$；

(2) $n\times n$ 的向量 $\boldsymbol{P}$，第 i 行 j 列的元素 $p_{i,j}=\Pr(U_i^{+}+V>T+\Delta_i)$；

(3) $n\times n$ 的向量 $\boldsymbol{D}$，第 i 行 j 列的元素$d_{i,j}=\exp(u_i\Delta_j)-p_{i,j}+c_j$，则向量 $\boldsymbol{K}=\boldsymbol{C}\boldsymbol{D}^{-1}$。将以上结论代入公式(3-42)得

$$Q(b)=1-\boldsymbol{C}\boldsymbol{D}^{-1}\exp(\boldsymbol{U}b) \tag{3-48}$$

3.5.2 多根场景下的延时精确估计

本节基于图 3-1 所示的无线通信系统模型，通过数值仿真工具进行分析，以验证端到端队列长度概率分布的准确性。同时，我们仍考虑 Nakagami-m 信道。假设信噪比 $\gamma[1]$，$\gamma[2]$，…是独立同分布的随机变量，用 γ 表示，则 γ 的概率密度函数为[34]

$$f_\gamma(\gamma)=\frac{1}{\Gamma(m)}\left(\frac{m}{\bar{\gamma}}\right)^m \gamma^{m-1}\exp\left(-\frac{m\cdot\gamma}{\bar{\gamma}}\right)(\gamma\geqslant 0) \tag{3-49}$$

式中，$\Gamma(\cdot)$是 Gamma 函数，$\bar{\gamma}$ 是平均信噪比，m 是信道衰落参数。信道服务速率由香农信道容量决定：

$$C[n]=B_c\log_2(1+\gamma[n]) \tag{3-50}$$

式中，B_c是信道带宽。对于块衰落信道，每一个时隙内系统能传输的数据量 $S[n]$与信道容量 $C[n]$呈线性关系，如公式(3-2)，所以信道在第 n 个时隙的可以传输的数据量为

$$S[n]=g(\gamma)=T_S B_c \log_2(1+\gamma[n]) \tag{3-51}$$

由于信噪比 γ 的值是独立同分布并且 S 是关于 γ 的函数，所以 $S[1], S[2], \cdots$ 同样是独立同分布的随机变量。

首先对第 3.5.1 节提出的估计方法进行仿真验证，由于到达数据包长分布的选择需同时考虑多根情况与复杂度要求，所以选择 $M=3$ 的爱尔兰分布和亚指数分布，即三个输入数据源且系统存在 3 个根。其次为验证推论 3-1，由于随着状态数的增加计算程度变得复杂，所以选择数据包长服从 $M=4,6,8$ 的爱尔兰分布进行验证。最后为了进一步验证本章提出的计算模型对多源无线通信系统队长分布估计的准确性，本节将对比 Chen 等人[20]提出的单根方法与第 3.5 节提出的多根方法，并定义了近似误差来表示两种方法与仿真结果的误差：

$$\varepsilon_{\text{approx}}=\left|\frac{v_{\text{approx}}-v_{\text{sim}}}{v_{\text{approx}}}\right| \tag{3-52}$$

各分布的到达速率及其余仿真参数由表 3-4 给出。

表 3-4　仿真参数

参数	值
信道模型	Nakagami-m 分布
时隙间隔时间T_S	1 ms
信道衰落参数 m	2
子载波带宽B_c	180 kHz
$M=3$ 爱尔兰分布平均到达速率	① $\lambda=\lambda_1=\lambda_2=\lambda_3=100$ kbit/s
	② $\lambda=\lambda_1=\lambda_2=\lambda_3=200$ kbit/s
亚指数分布平均到达速率 $\lambda_1,\lambda_2,\lambda_3$	① $\lambda_1=50$ kbit/s，$\lambda_2=100$ kbit/s，$\lambda_3=250$ kbit/s
	② $\lambda_1=40$ kbit/s，$\lambda_2=100$ kbit/s，$\lambda_3=500$ kbit/s
$M=4,6,8$ 时爱尔兰分布平均到达速率	$\lambda=100$ kbit/s
仿真样本数	2 000 000 个

3.5.3　仿真分析

本节是对仿真结果的展示，其中仿真的模拟值通过蒙特卡洛仿真得到，采用 200 万个到达数据包样本。多根计算结果由公式(3-40)得到，其中u_i由连续迭代法求得，k_i由第 3.5.2 节的边缘概率求得。单根结果由 Chen 等人[20]方法计算得到，其中：

(1) 队列长度非空概率

$$p_b \approx \frac{P(A>C)}{1-\Pr(Q^+ + A>C)+P(A>C)} \tag{3-53}$$

(2) 队列长度分布函数

$$\Pr(Q>b)=p_b \exp(-ub)$$

图 3-9 所示为到达数据包长服从爱尔兰分布时的队列长度概率分布，并将本章提出的多根方法与单根方法和蒙特卡洛法进行对比，其中横轴为队列长度，纵轴为概率。由图 3-9 进一步得到，对于到达速率不同的无线通信系统，本章提出的多根估计方法计算结果与蒙特卡洛仿真结果拟合度很高，说明本章提出的方法可以精确估计多源到达且数据包包长服从爱尔兰分布的无线通信系统队长的互补累积分布函数，而单根估计方法则有明显误差。

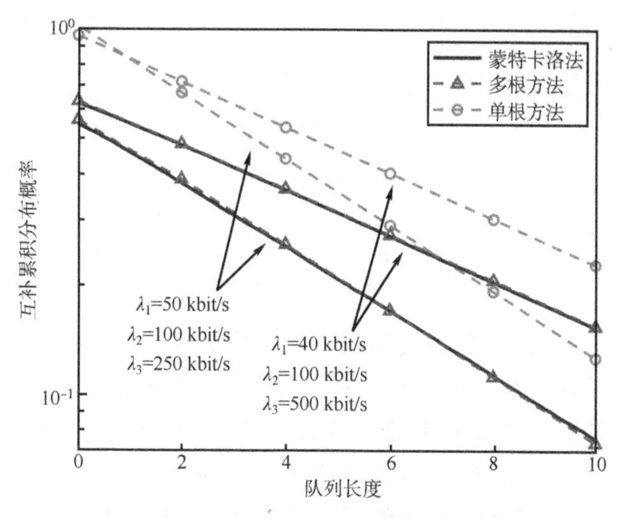

图 3-9 爱尔兰分布包长下的单根与多根仿真结果对比图

图 3-10 所示为到达速率为 200 kbit/s 下多根估计方法与单根估计方法的近似误差的对比，横轴是队列长度，纵轴是估计误差百分比，由图可得与蒙特卡洛结果相比单根方法错误率约为 83.35%，多根方法错误率约为 1.45%，同单根相比降低 81.90%，更加证实本章提出的方法准确性。其余计算的u_i与k_i的数值结果如表 3-5 所示，可以得出当到达数据包包长服从爱尔兰状态 3 分布且到达速率如表所示时，该无线通信系统存在三个根：

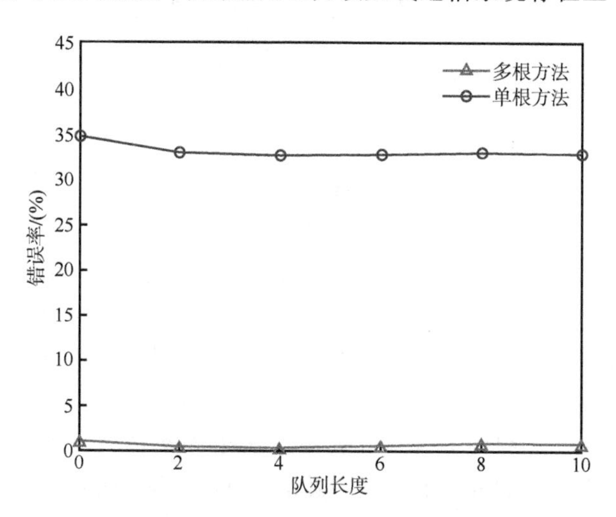

图 3-10 爱尔兰分布包长下的单根与多根近似误差对比

(1) 一个实数根，与此对应的k_i为实数；

(2) 两个复数根，且互为共轭对，与此对应的k_i也是复数并互为共轭对。

u_i与k_i的个数与形式证实了本节提出的多根估计方法适用于存在实数根与复数根的无线通信系统。

表 3-5 在爱尔兰分布积压长度互补累积分布函数的u_i与k_i

平均到达速率$\lambda_1=\lambda_2=\lambda_3=100$ kbit/s			
U	$u_1=0.347\,7$	$u_2=1.229\,5-0.303\,3i$	$u_3=1.229\,5+0.303\,3i$
K	$k_1=0.511\,9$	$k_2=-0.034\,7+0.025\,0i$	$k_3=-0.034\,7-0.025\,0i$
平均到达速率$\lambda_1=\lambda_2=\lambda_3=200$ kbit/s			
U	$u_1=1.230\,8$	$u_2=2.318\,8-0.436\,7i$	$u_3=2.318\,8+0.436\,7i$
K	$k_1=0.230\,4$	$k_2=-0.043\,5+0.035\,3i$	$k_3=-0.043\,5-0.035\,3i$

图 3-11 所示为到达数据包长服从亚指数分布时的队列长度概率分布，并将本章提出的多根方法与单根方法和蒙特卡洛法进行对比，其中横轴为队列长度，纵轴为概率。由图 3-11一步得到，对于到达速率不同的无线通信系统，本节提出的多根估计方法计算结果与蒙特卡洛仿真结果拟合度很高，说明本章提出的方法可以精确估计多源到达且数据包包长服从亚指数分布的无线通信系统队长的互补累积分布函数，而单根估计方法则有明显误差。

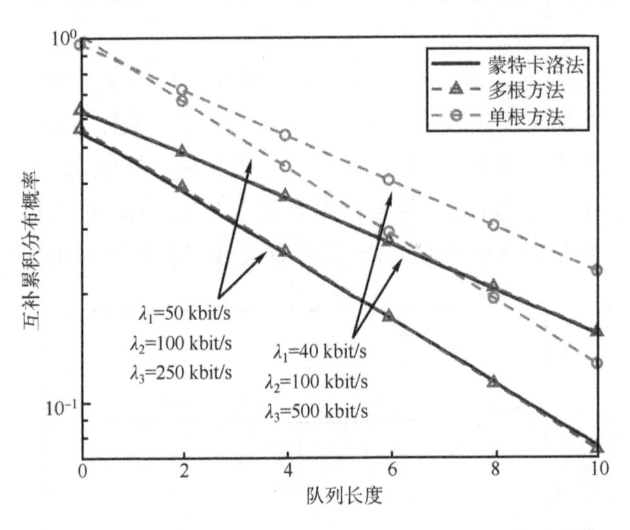

图 3-11 亚指数分布包长下的单根与多根仿真结果对比图

图 3-12 所示为$\lambda_1=40$ kbit/s，$\lambda_2=100$ kbit/s，$\lambda_3=500$ kbit/s 下多根估计方法与单根估计方法的近似误差的对比，横轴是队列长度，纵轴是估计误差百分比，由图可得与蒙特卡洛结果相比单根方法错误率约为49.46%，多根方法错误率约为 0.84%，同单根相比降低48.62%，更加证实本章提出的方法准确性。其余计算的u_i与k_i的数值结果如表 3-6 所示，可以得出当到达数据包包长服从亚指数状态三分布且到达速率如表 3-6 所示时，该无线通信系统存在三个实数根，与此对应的k_i为实数。u_i与k_i的个数与形式证实了本节提出的多根估计方法适用于存在实数根的无线通信系统。

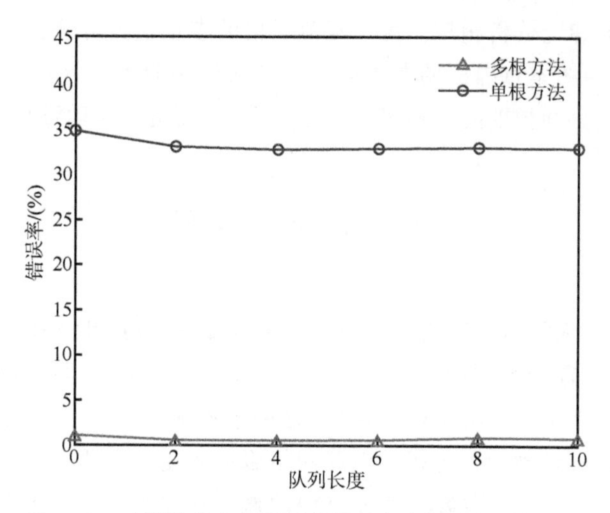

图 3-12 亚指数分布包长下的单根与多根近似误差对比

表 3-6 亚指数分布包长下队长互补累积分布函数的u_i与k_i

平均到达速率$\lambda_1=50$ kbit/s,$\lambda_2=100$ kbit/s,$\lambda_3=250$ kbit/s			
U	$u_1=0.208\ 5$	$u_2=1.100\ 2$	$u_3=2.492\ 5$
K	$k_1=0.592\ 0$	$k_2=-0.033\ 8$	$k_3=0.002\ 9$
平均到达速率$\lambda_1=40$ kbit/s,$\lambda_2=100$ kbit/s,$\lambda_3=500$ kbit/s			
U	$u_1=0.143\ 9$	$u_2=1.055\ 4$	$u_3=4.999\ 4$
K	$k_1=0.647\ 4$	$k_2=-0.016\ 2$	$k_3=-0.000\ 4$

图 3-13 所示为爱尔兰分布包长下不同状态数的队列长度概率分布，其中横轴为队列长度，纵轴为概率。由图 3-13 一步得到，随着 M 的增加，系统缓冲区的排队队列长度随之增

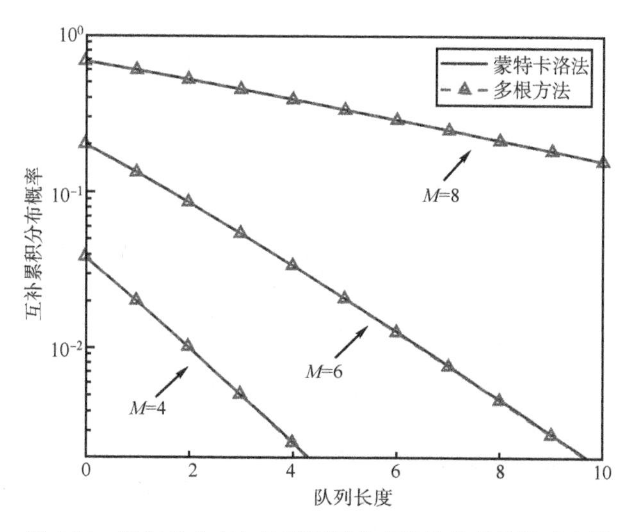

图 3-13 爱尔兰分布包长下不同状态数的仿真结果对比图

加，非空概率增加，与理论分析相符。由于本节提出的多根估计方法计算结果与蒙特卡洛仿真结果拟合度很高，说明本章提出的方法可以精确估计多源到达且数据包包长服从爱尔兰分布的无线通信系统队列长度的互补累积分布函数，从而进一步验证推论。

3.6 本章小结

在本章中，我们深入探讨了随机网络演算的基础知识，并应用于服务质量(QoS)指标的分析中，特别是在无线通信系统中的应用。我们首先介绍了无线通信系统的基本模型，并在此基础上定义了有效带宽 EB 和有效容量 EC 这两个关键概念。

有效带宽和有效容量理论是分析和保障网络服务质量的重要工具。本章通过数据积压分布函数的研究，引入了 QoS 指数u^*和非空缓冲概率p_b这两个度量标准，为我们量化服务质量提供了方法。

通过对载波聚合技术系统模型的具体例子分析，我们详细探讨了多载波无线通信系统的端到端延时问题，并提供了精确估计的方法。仿真分析部分进一步验证了理论分析的正确性和实用性。我们还探讨了在多 QoS 要求的场景下，有效带宽和有效容量理论的应用。通过边缘概率矩阵解决积压分布问题，并对多根场景下的延时进行了精确估计。仿真分析的部分不仅展示了方法的实际操作性，也证实了其在复杂网络环境下的适用性。

综上所述，本章不仅让读者理解了随机网络演算在无线通信服务质量保障中的理论基础，而且通过实例分析和仿真验证，展示了这些理论在实际系统设计和性能评估中的重要应用价值。

第4章

超密集无线网络中的 QoS 和能效分析

移动用户高速增长的流量和新业务的服务质量新要求的推动下，通信行业正朝着网络基础设施密集化的方向发展。超密集化部署小基站的无线通信网络可称作超密集网络(Ultra Dense Networks，UDNs)。该网络的本质是通过提高空时资源复用率、热点区域流量卸载等方式，提高系统吞吐量和服务能力。超密集网络也是现代通信网络中常用的一项关键技术。

非连续发送机制是5G多用户超密集网络中降低小区间干扰、提升能源效率的有效手段之一，其核心思想是通过根据小基站内数据收发情况，动态转换其工作状态。但是，在超密集网络下，其他小基站工作状态的转换将影响特定小基站所受到的小区间干扰水平，从而影响该基站的工作状态及其对其他小基站的干扰。因此，在应用非连续发送机制的多用户超密集网络中进行性能分析，一方面需要对上述动态耦合的小区间干扰进行翔实的建模，充分考虑工作状态转换对于干扰的影响。此外，5G网络还需要面向差异化通信场景，支撑多样化 QoS 需求业务。因此，为了分析小基站内的 QoS 性能，需要结合有效容量有效带宽模型，综合推导网络内物理层遍历容量、数据链路层有效容量等跨层容量。

本章将提出一种基于多维有效容量的跨层容量分析模型，首先分析上述网络中下行链路端到端数据的传输过程，建模非连续发送机制下工作状态的动态转换过程，构建小区间干扰和数据到达过程。然后将介绍传统一维有效容量模型，并基于上述网络中干扰的耦合性，推广该模型至多维空间，研究小基站内缓存队列溢出概率、延时中断概率等 QoS 指标，提出分析网络性能的核心问题。

4.1 超密集无线网络的端到端架构

采用非连续发送机制的多用户超密集网络典型架构如图4-1所示。在该网络中共有 N 个小基站，用集合 $\boldsymbol{N}=\{1,2,\cdots,N\}$ 表示。其中，在小基站 $n(n\in\boldsymbol{N})$ 的覆盖区域内，共服务 J_n 个用户，该用户集合用符号 $\boldsymbol{J}_n=\{1,2,\cdots,J_n\}$ 表示。此外，我们还假定同一个小基站内，各小基站的各时隙内只能调度所服务的某一个用户进行数据传输，即同一小基站内各用户，通过在时域内的复用机制，实现各用户数据传输之间的正交性。上述各用户数据传输相互正交的假定条件，意味着同一小基站内各用户之间不存在相互干扰（小区内干扰），该多用户超密集网络内仅存在因小基站数据所传输而造成的小区间干扰。

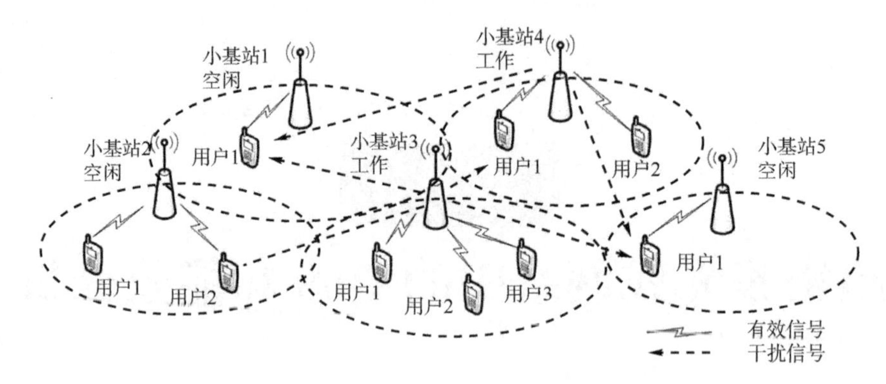

图 4-1　非连续发送机制下多用户超密集网络架构

为了能够针对上述网络进行有效的建模分析，本章中进一步将小基站 n 到其服务的多用户终端之间的下行数据传输过程，抽象为一个多条端到端数据传输的聚合系统，如图 4-2 所示。

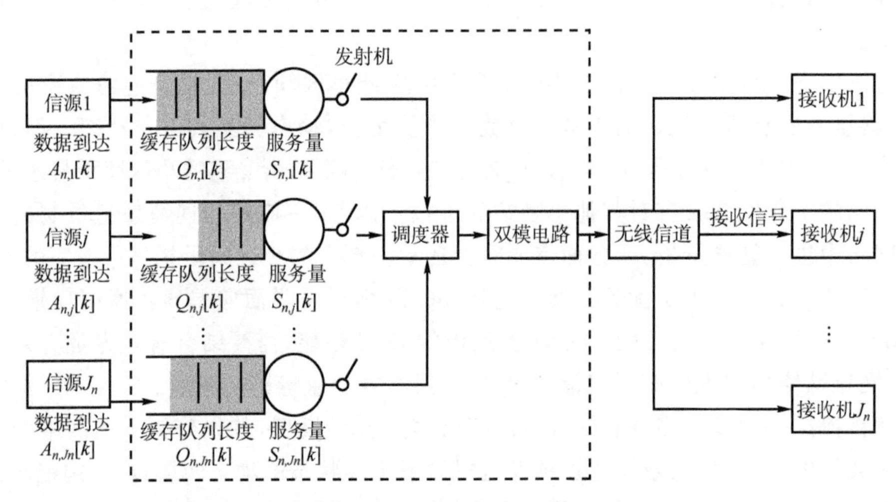

图 4-2　多用户下行数据传输端到端聚合系统

该系统是一个时间离散系统，各时隙长度为T_S，并由多个信源、无限长缓存器、调度器、双模电路系统、无线信道和多个接收机组成。其中，小基站内为各用户分配对应的无限长缓存存放待发送数据包队列，并在各个时隙内采用特定的调度机制选择某一用户进行数据传输，以实现下行信道的资源共享。本章的后续章节中，将分别针对轮询调度（Round-Robin，RR）机制和最大信干噪比（Max C/I）调度机制展开网络跨层性能分析。

4.2　多维有效容量的 QoS 分析

为了同时分析网络物理层服务速率和链路层数据积压队列长度溢出概率、延时中断概率等 QoS 性能，需要引入有效带宽和有效容量这一跨层分析模型。因此，本节中将首先介绍传统一维有效容量理论的基本计算公式、网络 QoS 性能分析。

4.2.1 网络内小区间干扰建模

考虑多用户超密集城市环境，我们可以假定网络中的无线信道经历瑞利块衰落，且小基站 $n(n \in \boldsymbol{N})$服务的各用户之间的信道状态相互独立。定义小基站 n 的发送功率为P_n。假设小基站发送端存在下行功率控制，且小基站 n 内各用户与小基站 n 之间距离差可以忽略不计，那么各用户收到的有效信号平均功率相等，将其定义为$P_{n,n}$。假设处于工作状态的干扰小基站 $i(i \in \boldsymbol{M})$与小基站 n 各用户的距离差可以忽略不计，那么小基站 n 各用户收到的来自干扰小基站i 干扰信号平均功率相等，将其定义为$P_{i,n}$。根据文献[17]中采用的超密集网络中无线信号所经历的大尺度路径损耗模型，有效信号平均功率$P_{n,n}$与干扰信号平均功率$P_{i,n}$可以统一表示为

$$P_{i,n}=P_i-(60+37.6\lg(D_{i,n})) \tag{4-1}$$

式中，$D_{i,n}$表示从小基站 i 到小基站 n 内各用户的距离。

定义集合 $\boldsymbol{M}$ 为在某一给定的时隙内，除了小基站 n 之外所有处于工作状态的小基站所构成的集合。定义小基站 n 内用户 $j(j \in \boldsymbol{J}_n)$的信干噪比(Signal-to-Interference-plus-Noise Ratio，SINR)为$\gamma_{n,j}$。那么，基于上述网络内有效接收信号及干扰信号的功率的假定与分析，$\gamma_{n,j}$ 可以表示为

$$\gamma_{n,j}=\frac{P_{n,n}\,|H_{n,n,j}|^2}{\sum\limits_{i \in \boldsymbol{M}} P_{i,n}\,|H_{i,n,j}|^2+N_0B} \tag{4-2}$$

式中，N_0为噪声功率谱密度，B 为信道带宽，$\sigma^2=N_0B$ 为信道内的加性高斯白噪声功；$H_{i,n,j}$为干扰小基站 i 与小基站 n 的用户 j 之间的瑞利衰落系数，$H_{n,n,j}$为服务小基站 n 与用户 j 之间的瑞利衰落系数、$|H_{i,n,j}|^2$、$|H_{n,n,j}|^2$分别为干扰信道、服务信道的信道增益。根据瑞利衰落信道的相关性质可知，$|H_{i,n,j}|^2$、$|H_{n,n,j}|^2$均服从均值为 1 的指数分布。

根据上述中假设条件。小基站 n 各用户收到的来自小基站 i 干扰信号平均功率相等、收到的来自小基站 n 有效信号平均功率也相等，以及信干噪比的计算公式(4-2)可知，小基站 n 内各用户的信干噪比$\gamma_{n,1}, \gamma_{n,2}, \cdots, \gamma_{n,J_n}$服从相同的分布，可以等同于随机变量$\gamma_n$。

如图 4-2 所示，服务量$S_{n,j}[k](k=1,2,3,\cdots)$表示在时隙 k 内，小基站 n 能够发送给用户 j 的比特数。根据上述分析可知，服务量序列$S_{n,j}[1], S_{n,j}[2], \cdots$是一组独立同分布(independent and identically distributed，i.i.d.)随机变量，可以等同于并表示为一个随机变量$S_{n,j}$。根据香农公式，$S_{n,j}$可以表示为信道带宽 B、时隙长度 T_S 以及信干噪比$\gamma_{n,j}$的函数：

$$S_{n,j}=BT_S\log_2(1+\gamma_{n,j}) \tag{4-3}$$

根据上述分析得出小基站 n 内各用户的信干噪比服从相同分布的结论，以及公式(4-3)可知，小基站 n 内各用户的服务量$S_{n,1}, S_{n,2}, \cdots, S_{n,J_n}$服从相同的分布，等同于随机变量$S_n$。

定义在时隙 k 从上层信源到达小基站 n 内用户 j 缓存队列的数据量为$A_{n,j}[k]$。那么，为了便于后续开展数学分析，本章对于小基站内各用户的数据到达特性作如下假设：

(1) 到达小基站 n 内用户 j 缓存队列的数据到达量序列 $A_{n,j}[1], A_{n,j}[2], \cdots$ 为一组独立同分布的随机变量，等同于随机变量 $A_{n,j}$；

(2) 小基站 n 内各用户缓存队列的数据到达过程可以近似于满足同一个伯努利过程，且数据到达的概率为 p_n[35]；

(3) 小基站 n 内各时隙内各用户缓存队列的数据到达长度均服从均值为 L_n 的指数分布[19]。

基于上述假设，可知小基站 n 内各用户缓存队列的数据到达量 $A_{n,1}, A_{n,2}, \cdots, A_{n,J_n}$ 为一组独立同分布随机变量，等同于随机变量 A_n。与此同时，可以得出小基站 n 内数据到达量随机变量 A_n 的概率分布函数 $f_{A_n}(a)$ 为

$$f_{A_{n,j}}(a) = f_{A_n}(a) = \begin{cases} p_n \dfrac{1}{L_n} e^{-\frac{a}{L_n}} & (a > 0) \\ 1 - p_n & (a = 0) \end{cases} \tag{4-4}$$

定义 $\mu_{n,j}$ 为小基站 n 内用户 j 业务流到达的平均速率，根据公式(4-4)可知，$\mu_{n,1}$，$\mu_{n,2}, \cdots, \mu_{n,J_n}$ 均相等，等同于公式(4-5)：

$$\mu_{n,j} = \mu_n = L_n p_n / T_S \tag{4-5}$$

4.2.2 有效带宽和有效容量计算

在传统的一维有效带宽、有效容量模型中，小基站 n 内用户 j 的业务流到达速率和服务量可以分别根据物理层的数据到达量 $A_{n,j}$ 以及服务量 $S_{n,j}$，计算其对应的有效带宽 $\alpha_{n,j}^{(b)}$ 以及有效容量 $\alpha_{n,j}^{(c)}$ 表达式：

$$\alpha_{n,j}^{(b)}(u_{n,j}) = \frac{\Lambda_{A_{n,j}}(u_{n,j})}{u_{n,j} T_S} = \frac{1}{u_{n,j} T_S} \log\left(\frac{p_n}{1 - u_{n,j} L_n} + 1 - p_n\right) \tag{4-6}$$

$$\alpha_{n,j}^{(c)}(u_{n,j}) = -\frac{\Lambda_{S_{n,j}}(-u_{n,j})}{u_{n,j} T_S} \tag{4-7}$$

式中，$u_{n,j}$ 为统计特性上的 QoS 指数，对应的值越大表示网络内 QoS 性能越好，能够满足更严格的 QoS 约束条件。$\Lambda_{A_{n,j}}(u_{n,j})$ 与 $\Lambda_{S_{n,j}}(-u_{n,j})$ 分别是数据到达量 $A_{n,j}$ 与服务量 $S_{n,j}$ 的对数矩母函数，即：

$$\Lambda_{A_{n,j}}(u_{n,j}) = \log(E[\exp(u_{n,j} A_{n,j})]) \tag{4-8}$$

和

$$\Lambda_{S_{n,j}}(-u_{n,j}) = \log(E[\exp(-u_{n,j} S_{n,j})]) \tag{4-9}$$

式中，$E[\cdot]$ 表示均值函数。由于公式(4-7)计算较为复杂，本章中采用文献[36]中提出的以下近似值来估计有效容量：

$$\alpha_{n,j}^{(c)}(u_{n,j}) \approx E[C_{n,j}] - \frac{\mathrm{Var}[C_{n,j}] T_S}{2} u_{n,j} \tag{4-10}$$

其中

$$C_{n,j} = B \log_2(1 + \gamma_{n,j}) \tag{4-11}$$

表示小基站 n 内用户 j 的瞬时服务速率，$\mathrm{Var}[\cdot]$ 表示随机数的方差。

结论 4-1 由公式(4-10)可知，当 QoS 指数 $u_{n,j} \to 0$ 时，小基站 n 内用户 j 的有效容量趋

于其遍历容量 $E[C_{n,j}]$。同样地，由于小基站 n 内各用户服务量具有相同的分布，那么小基站 n 内的总服务速率 $C_{\text{phy\_}n}$ 可以表示为单用户遍历容量与小基站内服务用户总数的乘积：

$$C_{\text{phy\_}n}=J_n E[C_{n,j}] \tag{4-12}$$

4.2.3 基于有效容量理论的网络 QoS 性能分析

如果存在特定的 QoS 指数$u_{n,j}^*$，使得小基站 n 内用户 j 对应的有效容量等于其有效带宽[14]，即满足：

$$\alpha_{n,j}^{(b)}(u_{n,j}^*)=\alpha_{n,j}^{(c)}(u_{n,j}^*) \tag{4-13}$$

那么，根据$u_{n,j}^*$可求得小基站 n 内用户 j 对应缓存队列长度$Q_{n,j}$超过特定上限的溢出概率表达式如下：

$$\Pr(Q_{n,j}>B_{n,j})\approx p_b^{n,j}\mathrm{e}^{-u_{n,j}^*B_{n,j}} \tag{4-14}$$

式中，$B_{n,j}$表示缓存队列长度的特定上限值，$p_b^{n,j}$表示缓存队列的非空概率。该非空概率计算的一种方式可以由文献[22]提出，具体表达式如下：

$$p_b^{n,j}\approx 1-u_{n,j}^*L_n \tag{4-15}$$

由上述表达式可知，$p_b^{n,j}$的值与对应的特定 QoS 指数$u_{n,j}^*$及对应基站内数据到达长度均值L_n有关。

为了进一步分析到达数据经历延时的分布情况，定义$D_{n,j}$为平稳状态下，表示小基站 n 内用户 j 延时的随机变量。当有效容量等于有效带宽，即公式(4-13)成立时，由文献[31]可以求解出延时$D_{n,j}$的累计互补函数，同样也是延时的中断概率的近似表达式为

$$\begin{aligned}\Pr(D_{n,j}>t_{n,j})&\approx p_b^{n,j}\mathrm{e}^{-u_{n,j}^*\alpha_{n,j}^{(b)}(u_{n,j}^*)t_{n,j}}\\&\approx\left(1-\frac{p_n u_{n,j}^*L_n}{1-u_{n,j}^*L_n+p_n u_{n,j}^*L_n}\right)^{\frac{t_{n,j}}{T_S}+1}\end{aligned} \tag{4-16}$$

式中，$t_{n,j}$表示延时的特定约束上限。

推论 4-1 由公式(4-16)可知，小基站 n 内用户 j 的延时服从几何分布，其中成功概率为

$$p=\frac{p_n u_{n,j}^*L_n}{1-u_{n,j}^*L_n+p_n u_{n,j}^*L_n} \tag{4-17}$$

根据几何分布的性质(见表 2-1)可得该延时 $E[D_{n,j}]$的表达式如下：

$$E[D_{n,j}]=\int_0^{+\infty}\Pr(D_{n,j}>t_{n,j})\mathrm{d}t_{n,j}\approx\frac{1-u_{n,j}^*L_n}{p_n u_{n,j}^*L_n} \tag{4-18}$$

4.2.4 多维有效容量理论推导及算法设计

在第 4.2.1 节中已知：

(1) 小基站 n 内各用户的服务量$S_{n,1},S_{n,2},\cdots,S_{n,J_n}$服从相同的分布；

(2) 小基站 n 内各用户的数据到达量$A_{n,1},A_{n,2},\cdots,A_{n,J_n}$也是一组同分布的随机变量。则根据公式(4-6)和公式(4-7)中的定义可知，小基站 n 内各用户的有效容量均相等，有效带

宽也为相同。基于上述结论及公式(4-13),不难得出小基站 n 内各用户满足有效带宽等于有效容量所对应的特定 QoS 指数,$u_{1,n}^{*}, u_{n,2}^{*}, \cdots, u_{n,J_n}^{*}$ 等于同一个值,即:

$$u_{n,j}^{*} = u_n^{*} \ (j \in \boldsymbol{J}_n) \tag{4-19}$$

根据这一结果以及公式(4-15),可以推导出小基站 n 内各用户缓存队列的非空概率,$p_b^{n,1}$,$p_b^{n,2}, \cdots, p_b^{n,J_n}$ 也都等同于某一值,即:

$$p_b^{n,j} = p_b^{n} (j \in \boldsymbol{J}_n) \tag{4-20}$$

定义 $p_{\text{idle};n}[k]$ 为小基站 n 在时隙 k 内处于空闲状态的概率。基于传统一维有效容量理论,时隙 k 内小基站 n 处于空闲状态应满足以下两个条件。首先,该时隙内,小基站 n 所调度的缓存队列为空,即没有数据等待发送。此外,在该时隙内,没有新数据到达该队列。由公式(4-14)及公式(4-20)可知,在多用户场景存在调度的情境下,用于表示小基站 n 内各用户缓存队列非空情况的随机变量服从相同的分布。因此,在任意时隙内,被调度的缓存队列为空的概率均等同为 $1-p_b^n$。

此外,由上小节可知,任意时隙内不存在新数据到达的概率均等同于 $1-p_n$。那么小基站 n 在各时隙的空闲概率 $p_{\text{idle};n[1]}, p_{\text{idle};n[2]}, \cdots$ 同样是一组独立同分布的随机变量,等同于随机变量 $p_{\text{idle};n}$ 由于数据是否到达与缓存队列是否非空这两个事件相互独立,$p_{\text{idle};n}$ 可以进一步表示成缓存队列为空概率 $1-p_b^n$ 与无数据到达概率 $1-p_n$ 的乘积,即:

$$p_{\text{idle};n} = (1-p_b^n)(1-p_n) \approx u_n^{*} L_n (1-p_n) \tag{4-21}$$

4.2.5 有效容量理论多维拓展

对公式(4-2)的讨论过程可知,小基站 n 内各用户收到小区间干扰情况取决于网络内其他小基站的工作状态。当其他小基站处于工作状态时,则会对小基站 n 内各用户造成干扰。反之,当其他小基站处于空闲状态时,由于数据发送设备被关闭,则不会对小基站 n 内各用户造成干扰。进一步,根据公式(4-21)可知,各小基站处于上述两种工作状态的概率与各自的 QoS 指数有关,即小基站 n 内用户 j 的干扰水平是关于 $u_1, \cdots, u_{n-1}, u_{n+1}, \cdots, u_N$ 的函数。那么由于带宽为常数,小基站 n 内用户 j 服务速率 $C_{n,j}$ 的均值 $E[C_{n,j}]$ 和方差 $\text{Var}[C_{n,j}]$ 是 $u_1, \cdots, u_{n-1}, u_{n+1}, \cdots, u_N$ 的函数。进一步根据公式(4-10)可知,小基站 n 内用户 j 的有效容量又与自身的 QoS 指数 u_n 有关。由上述分析可知,小基站 n 内用户 j 的有效容量表达式是一个关于未知数 $u_1, \cdots, u_N$ 的 N 维函数。此外,根据公式(4-6)可知,小基站 n 内用户 j 自身的有效带宽 QoS 指数 u_n。综合上述内容可得,非连续发送机制下的多用户超密集网络中分析总服务速率及网络内 QoS 性能的关键问题,在于求解一组特定 QoS 指数 $u_1^{*}, \cdots, u_N^{*} > 0$,使得该组值能满足如下方程组:

$$\begin{cases} \alpha_{1,j}^{(c)}(\boldsymbol{u}^{*}) = \alpha_{1,j}^{(b)}(u_1^{*}) \\ \alpha_{2,j}^{(c)}(\boldsymbol{u}^{*}) = \alpha_{2,j}^{(b)}(u_2^{*}) \\ \qquad \vdots \\ \alpha_{N,j}^{(c)}(\boldsymbol{u}^{*}) = \alpha_{N,j}^{(b)}(u_N^{*}) \end{cases} \tag{4-22}$$

式中,$\boldsymbol{u}^{*} = [u_1^{*}, \cdots, u_N^{*}]$ 为特定 QoS 指数向量。

公式(4-22)中的非线性方程组可以通过数值方法进行求解近似根,如牛顿迭代法等。

在求解一维非线性方程 $f(x)=0$ 时，第 n 次迭代时，牛顿迭代法在 $x=x_n$ 处展开其泰勒级数：

$$f(x)=f(x_n)+(x-x_n)f'(x_n)+\frac{1}{2}(x-x_n)^2 f''(\xi_n) \tag{4-23}$$

式中，ξ_n 为介于 x 与 x_n 间的值。此时令 $f(x)=0$，可以得到由 $f(x_n)$、$f'(x_n)$ 及余项表示的方程解如下：

$$x=x_n-\frac{f(x_n)}{f'(x_n)}-\frac{1}{2}(x-x_n)^2\frac{f''(\xi_n)}{f'(x_n)} \tag{4-24}$$

将公式(4-24)的结果定义为 x_{n+1}，并忽略余项部分，即可得到牛顿迭代法的求解下一个方程解近似值的核心算法：

$$x_{n+1}=x_n-\frac{f(x_n)}{f'(x_n)} \tag{4-25}$$

在使用牛顿迭代法求解多维非线性方程组(以二维为例)时，上述核心算法可以表示为

$$\boldsymbol{x}^{(n+1)}=\boldsymbol{x}^{(n)}-A_f^{-1}(\boldsymbol{x}^{(n)})f(\boldsymbol{x}^{(n)}) \tag{4-26}$$

式中，$\boldsymbol{x}=[x_1,x_2]^{\mathrm{T}}$ 表示方程解向量。为区分一维与多维求解方式的不同，此处通过上标表示第 n 次迭代，$A_f(\boldsymbol{x}^{(n)})$ 表示将 $\boldsymbol{x}^{(n)}$ 代入上述方程组的雅可比矩阵的结果，$f(\boldsymbol{x}^{(n)})=(f_1(\boldsymbol{x}^{(n)}),f_2(\boldsymbol{x}^{(n)}))^{\mathrm{T}}$ 表示将 $x^{(n)}$ 代入上述方程组的值向量。

4.3 双小基站单用户场景下的跨层有效容量分析

为了计算多用户超密集网络场景下的跨层容量，本节首先基于最简单的双小基站单用户场景，通过推导网络内服务速率和有效容量表达式，为后续分析提供系统性思路和一般性结论。因此，本节中假定网络由两个小基站组成，分别为小基站 1 及小基站 2 ，每个小基站内仅服务唯一用户。由于两个小基站的跨层性能分析推导过程完全相同，为简明地表述这一过程及结论，在不失一般性的条件下，本节选择小基站 1 作为目标小基站进行结论推导。根据前文 2.3.2 节中的分析过程可知，某小基站内用户的信干噪比性能与其他小基站的工作状态有关。那么在本节所讨论的场景下，小基站 1 所服务用户的信干噪比性能与小基站 2 的工作状态有关，即存在以下两种情况。

情况一：小基站 2 此时处于空闲状态，且根据公式(4-21)可知，这一情况发生的概率为 $p_{\mathrm{idle2}}\approx u_2^* L_2(1-p_2)$。此时，由于小基站内部分发送设备被关闭，小基站 1 所服务用户将不会收到来自小基站 2 的干扰。那么根据公式(4-2)可知，该情况下用户的信干噪比 $\gamma_{1,1}$ 为

$$\gamma_{1,1}^{(1)}=\frac{P_{1,1}\,|H_{1,1,1}|^2}{\sigma^2} \tag{4-27}$$

由于本章中假设网络信道经历瑞利块衰落，信道增益变量 $|H_{1,1,1}|^2$ 服从均值为 1 的指数分布。因此该情况下，小基站 1 所服务用户的信干噪比的概率分布函数可以表示为

$$f_{\gamma_{1,1}^{(1)}}(\gamma)=\frac{\sigma^2}{P_{1,1}}\mathrm{e}^{-\frac{\sigma^2\gamma}{P_{1,1}}} \tag{4-28}$$

情况二：小基站 2 此时处于工作状态，且根据公式(4-21)可知，这一情况发生的概率为 $1-p_{\text{idle}_2}\approx 1-u_2^* L_2(1-p_2)$。此时，小基站 1 所服务用户将会收到来自小基站 2 的干扰。那么根据公式(4-2)可知，该情况下用户的信干噪比$\gamma_{1,1}$为

$$\gamma_{1,1}^{(2)}=\frac{P_{1,1}|H_{1,1,1}|^2}{P_{2,1}|H_{2,1,1}|^2+\sigma^2} \tag{4-29}$$

同样地，根据情况一的分析可得，情况二下小基站 1 所服务用户的信干噪比的概率分布函数可以表示为

$$f_{\gamma_{1,1}^{(2)}}(\gamma)=\left(\frac{\sigma^2}{P_{1,1}+P_{2,1}\gamma}+\frac{P_{1,1}P_{2,1}}{(P_{1,1}+P_{2,1}\gamma)^2}\right)\mathrm{e}^{-\frac{\sigma^2\gamma}{P_{1,1}}} \tag{4-30}$$

根据全概率公式，小基站 1 所服务用户的信干噪比$\gamma_{1,1}$的概率分布函数应为各情况下的概率分布函数与各情况发生概率的乘积之和。因此，综合上述两个情况，可以发现信干噪比的概率分布函数是一个关于小基站 2 的 QoS 指数u_2的函数，具体表达式为

$$\begin{aligned}f_{\gamma_{1,1}}(\gamma,u_2)=&\left(p_{\text{idle}}2\frac{\sigma^2}{P_{1,1}}+(1-p_{\text{idle}})\left(\frac{\sigma^2}{P_{1,1}+P_{2,1}\gamma}+\right.\right.\\&\left.\left.\frac{P_{1,1}P_{2,1}}{(P_{1,1}+P_{2,1}\gamma)^2}\right)\right)\mathrm{e}^{-\frac{\sigma^2\gamma}{P_{1,1}}}\end{aligned} \tag{4-31}$$

进一步根据公式(4-31)的概率分布函数，可以求解信干噪比$\gamma_{1,1}$的累计分布函数如下：

$$\begin{aligned}F_{\gamma_{1,1}}(\gamma,u_2)&=\int_{-\infty}^{\gamma}f_{\gamma_{1,1}}(t,u_2)\mathrm{d}t\\&=1-\left(p_{\text{idle}}+(1-p_{\text{idle}})\frac{P_{1,1}}{P_{1,1}+P_{2,1}\gamma}\right)\mathrm{e}^{-\frac{\sigma^2\gamma}{P_{1,1}}}\end{aligned} \tag{4-32}$$

为了求解网络内的跨层容量，首先定义$C_{1,1}(u_2)$为小基站 1 所服务用户的瞬时服务速率。由于本节中假设小基站仅服务唯一用户，那么根据公式(4-3)和公式(4-12)可知，瞬时服务速率$C_{1,1}(u_2)$的均值不仅是该用户的遍历容量，也是小基站 1 网络内的总服务速率$C_{\text{phy_1}}$，即：

$$\begin{aligned}E[C_{1,1}(u_2)]&=C_{\text{phy1}}(u_2)\\&=\int_0^{+\infty}B\log_2(1+\gamma)f_{\gamma_{1,1}}(\gamma,u_2)\mathrm{d}\gamma\\&=\int_0^{+\infty}B\log_2(1+\gamma)\left(p_{\text{idle}}\frac{\sigma^2}{P_{1,1}}+(1-p_{\text{idle}_2})\right.\\&\quad\left.\left(\frac{\sigma^2}{P_{1,1}+P_{2,1}\gamma}+\frac{P_{1,1}P_{2,1}}{(P_{1,1}+P_{2,1}\gamma)^2}\right)\right)\mathrm{e}^{-\frac{\sigma^2\gamma}{P_{1,1}}}\mathrm{d}\gamma\end{aligned} \tag{4-33}$$

然后，瞬时服务速率$C_{1,1}(u_2)$的方差可以根据其定义得到：

$$\mathrm{Var}[C_{1,1}(u_2)]=E[C_{1,1}^2(u_2)]-E[C_{1,1}(u_2)]^2 \tag{4-34}$$

代入公式(4-10)可知，在双基站单用户场景下，小基站 1 所服务用户的有效容量$\alpha_{1,1}^{(c)}$的近似表达式为

$$\alpha_{1,1}^{(c)}(\boldsymbol{u})=E[C_{1,1}(u_2)]-\frac{\mathrm{Var}[C_{1,1}(u_2)]}{2}u_1 \tag{4-35}$$

4.4 N 个小基站单用户场景下的跨层有效容量分析

为了建模超密集网络中大量小基站共存的场景，本小节将基于第4.3节中双小基站单用户场景的推导过程和结论，继续推广到 N 个小基站单用户场景，分析该场景下的跨层容量情况。

在 N 个小基站单用户场景下，对于特定的小基站 $n(n\in \boldsymbol{N})$ 内的用户来说，其他所有的小基站都可能处于空闲状态或工作状态。根据第4.3节的分析过程可知，该场景下用户经历的小区间干扰共有 $2^{(N-1)}$ 种可能性，难以一一列举分析。因此，为了得到该场景下的跨层容量表达式，本章首先推导了以下结论：

命题4-1 定义 $\boldsymbol{N}\backslash n$ 为除了小基站 n 外其他小基站的集合，那么 $N\backslash n-\boldsymbol{M}$ 就表示所有处于空闲状态的小基站的集合。在 N 个小基站单用户场景下，小基站 n 服务用户的信干噪比 $\gamma_{n,1}$ 的概率分布函数为

$$f_{\gamma_{n,i}}(\gamma,\boldsymbol{u}\backslash u_n)=\sum_{\substack{\boldsymbol{M}\in P(\boldsymbol{M}\backslash n)\\ \boldsymbol{M}\neq\varnothing}}\left(\left(\prod_{i\in \boldsymbol{M}}(1-p_{\text{idde}-})\prod_{k\in\mathbb{N}(\boldsymbol{M}-\boldsymbol{M})}p_{\text{idle}-k}\right)\cdot\right.$$
$$\sum_{i\in M}\left(\left(\prod_{i\in MU}\frac{P_{i,n}}{P_{i,n}-P_{t,n}}\right)\frac{\sigma^2}{P_{i,n}\gamma+P_{n,n}}+\right. \tag{4-36}$$
$$\left.\left.\frac{P_{i,n}P_{n,n}}{(P_{i,n}\gamma+P_{n,n})^2}\right)+\left(\prod_{q\in \boldsymbol{N}n}p_{\text{idle}}\frac{\sigma^2}{P_{n,n}}\right)\right)\mathrm{e}^{\frac{-\sigma^2\gamma}{P_{n,n}}}$$

信干噪比 $\gamma_{n,1}$ 的累计分布函数为

$$F_{\gamma_{n,1}}(\gamma,\boldsymbol{u}\backslash u_n)$$
$$=1-\left(\sum_{\substack{\boldsymbol{M}\in\Pr(\boldsymbol{M}\backslash n)\\ \boldsymbol{M}\neq\varnothing}}\left(\left(\prod_{i\in\boldsymbol{M}}(1-p_{\text{idle}_i})\prod_{k\in \boldsymbol{N}n-\boldsymbol{M}}p_{\text{idle}_k}\right)\right.\right. \tag{4-37}$$
$$\left.\left.\frac{P_{n,n}^{|\boldsymbol{M}|}}{\prod_{i\in\boldsymbol{M}}(P_{i,n}\gamma+P_{n,n})}\right)+\prod_{q\in\boldsymbol{M}n}p_{\text{idle\_}q}\right)\mathrm{e}^{\frac{-\sigma^2\gamma}{P_{n,n}}}$$

式中，$\Pr(\boldsymbol{N}\backslash n)$ 为集合 $\boldsymbol{N}\backslash n$ 的幂集，即集合 $\boldsymbol{N}\backslash n$ 的全部子集（含空集）。通过 $\Pr(\boldsymbol{N}\backslash n)$ 来一一构建所有可能的其他小基站对小基站 n 内各用户造成的小区间干扰情况。$|\boldsymbol{M}|$ 为集合 $\boldsymbol{M}$ 的基数，表示集合 $\boldsymbol{M}$ 中的元素个数。

命题4-1的具体证明过程，详见附录第10.1节。

进一步定义 $C_{n,1}(\boldsymbol{u}\backslash u_n)$ 为小基站 n 所服务用户的瞬时服务速率。由于本节中假设小基站仅服务唯一用户，那么根据公式(4-3)和公式(4-12)可知，瞬时服务速率 $C_{n,1}(\boldsymbol{u}\backslash u_n)$ 的均值不仅是该用户的遍历容量，也是小基站 n 网络内的总服务速率 C_{phy_n}，即：

$$\begin{aligned}E[C_{n,1}(\boldsymbol{u}\backslash u_n)]&=C_{\text{phy\_}n}(\boldsymbol{u}\backslash u_n)\\&=\int_0^{+\infty}B\log_2(1+\gamma)\,f_{\gamma_{n,1}}(\gamma,\boldsymbol{u}\backslash u_n)\mathrm{d}\gamma\end{aligned} \tag{4-38}$$

同样可以得到瞬时服务速率$C_{n,1}(\boldsymbol{u}\backslash u_n)$方差如下：

$$\mathrm{Var}[C_{n,1}(\boldsymbol{u}\backslash u_n)]=E[C_{n,1}^2(\boldsymbol{u}\backslash u_n)]-E[C_{n,1}(\boldsymbol{u}\backslash u_n)]^2 \tag{4-39}$$

将前两步得到的均值与方差的结果代入公式(4-10)，可以推导出 N 小基站单用户场景下，小基站 1 所服务用户有效容量$\alpha_{n,1}^{(c)}$的近似表达式如下：

$$\alpha_{n,1}^{(c)}(\boldsymbol{u})=E[C_{n,1}(\boldsymbol{u}\backslash u_n)]-\frac{\mathrm{Var}[C_{n,1}(\boldsymbol{u}\backslash u_n)]}{2}u_1 \tag{4-40}$$

4.5 N 个小基站多用户调度场景下的跨层有效容量分析

无线移动通信的数据传输过程中，信号会经历多种衰落因素的影响。其中，频率选择性衰落将导致信道衰减的快速随机变化。阴影衰落和与距离有关的路径损耗也将显著影响平均接收信号的强度。信号衰落导致了小基站内各无线链路的瞬时信道质量会有快速、随机的变化。在多用户场景下，小基站在进行下行调度时将利用上述的瞬时信道质量变化，分配各时隙内用户之间共享无线电资源，以高效利用资源，例如降低各用户所需的资源量从而服务更多用户，同时满足网络内 QoS 需求等。本节假定小基站内通过时分复用的方式在多用户间实现资源共享。根据文献[37]中的介绍可知，在时域内进行下行调度的常见方式为轮询机制与最大信干噪比机制。

从本小节开始，将基于第 4.4 节所得到的结论进一步分析 N 个小基站多用户场景下，应用不同调度机制的跨层容量性能。具体来说，首先在第 4.5.1 节针对轮询调度机制展开讨论，然后在第 4.5.2 节中分析最大信干噪比调度机制，最后在第 4.5.3 节中构建该场景不同调度机制下研究跨层系统性能的关键问题。

4.5.1 多用户轮询调度机制分析

根据本章引言部分介绍的，在轮询机制下同一个小基站下各个用户的缓存队列将被轮流调度执行数据传输，该时隙内没有被调度的队列将无法发送数据。因此，对于某个特定用户，相邻两次发送数据的周期等于该基站服务的用户数 J_n。

假设时隙最开始被调度的是用户 1，那么在轮询调度机制下，时隙$k(k=1,2,3,\cdots)$内，小基站 n 所服务的用户 $j(j\in \boldsymbol{J}_n)$的信干噪比$\gamma_{n,j;\mathrm{RR}}[k]$可以定义如下：

$$\gamma_{n,j;\mathrm{RR}}[k]=\begin{cases}\gamma_{n,j}[k], & k \bmod J_n=j\\ 0, & k \bmod J_n\neq j\end{cases} \tag{4-41}$$

由公式(4-41)给出的定义可知，用户 j 的信干噪比仅在每 J_n个时隙内的第j 个为非零值。换句话说，只有在上述时隙内，用户 j 才有非零的瞬时服务速率。

定义$C_{n,j;\mathrm{RR}}(\boldsymbol{u}\backslash u_n)$为这一瞬时服务速率，为了分析该场景下的跨层容量，首先要给出如下关于$C_{n,j;\mathrm{RR}}(\boldsymbol{u}\backslash u_n)$的结论：

命题 4-2 N 小基站多用户轮询调度场景下，小基站 n 所服务的用户 j 瞬时服务速率$C_{n,j;\mathrm{RR}}(\boldsymbol{u}\backslash u_n)$的均值和方差分别为

$$E[C_{n,j;\mathrm{RR}}(\boldsymbol{u}\backslash u_n)]=\frac{1}{J_n}E[C_{n,1}(\boldsymbol{u}\backslash u_n)] \tag{4-42}$$

和

$$\mathrm{Var}[C_{n,j;\mathrm{RR}}(\boldsymbol{u}\backslash u_n)]=\frac{1}{J_n}\mathrm{Var}[C_{n,1}(\boldsymbol{u}\backslash u_n)]+\frac{J_n-1}{J_n^2}E\,[C_{n,1}(\boldsymbol{u}\backslash u_n)]^2 \tag{4-43}$$

式中，$E[C_{n,1}(\boldsymbol{u}\backslash u_n)]$与 $\mathrm{Var}[C_{n,1}(\boldsymbol{u}\backslash u_n)]$为第 4.4 节中推导的 N 个小基站单用户场景下小基站 n 所服务的用户瞬时服务速率的均值与方差。

命题 4-2 的证明过程，详见附录第 10.2 节。

基于上述结论，根据公式(4-12)及公式(4-42)可知，N 个小基站多用户场景应用轮询机制下，小基站 n 内的总服务速率$C_{\mathrm{phy}}\,n$;RR 与 N 小基站单用户场景下的总服务速率相等，即：

$$\begin{aligned}C_{\mathrm{phy\_}n;\mathrm{RR}}(\boldsymbol{u}\backslash u_n)&=C_{\mathrm{phy\_}n}(\boldsymbol{u}\backslash u_n)\\&=\int_0^{+\infty}B\log_2(1+\gamma)f_{\gamma_{n,1}}(\gamma,\boldsymbol{u}\backslash u_n)\mathrm{d}\gamma\end{aligned} \tag{4-44}$$

与此同时，分别用公式(4-42)和公式(4-43)中的结果取代公式(4-10)中的 $E[C_{n,j}]$与 $\mathrm{Var}[C_{n,j}]$，可以得到 N 个小基站多用户场景应用轮询调度机制下，小基站 n 所服务的用户 j 的有效容量$\alpha_{n,j;\mathrm{RR}}^{(c)}$的近似值如下：

$$\begin{aligned}\alpha_{n,j;\mathrm{RR}}^{(c)}(\boldsymbol{u})\approx&\frac{1}{J_n}E[C_{n,1}(\boldsymbol{u}\backslash u_n)]-\\&\frac{\left\{\frac{1}{J_n}\mathrm{Var}[C_{n,1}(\boldsymbol{u}\backslash u_n)]+\frac{J_n-1}{J_n^2}E\,[C_{n,1}(\boldsymbol{u}\backslash u_n)]^2\right\}T_S}{2}u_n\end{aligned} \tag{4-45}$$

4.5.2 多用户最大信干噪比调度机制分析

第 4.5 节中推导分析了 N 个小基站多用户场景下应用轮询调度机制的跨层容量。轮询调度机制算法较为简单，不考虑各链路的信道质量情况，轮流调度各链路执行数据传输。虽然该机制保证了绝对公平，降低实现部署难度，但是难以充分利用多用户背景下多样化的无线传输条件，实现网络容量最大化。因此，实际网络中更多采用最大信干噪比的调度机制。如本章引言部分介绍的，在该机制下各时隙开始时，调度器会根据各链路反馈的信干噪比情况，调度其中最大值对应的用户执行数据传输。本节中，将延续前一节的推导思路，分析最大信干噪比调度机制下的跨层容量。

根据上述最大信干噪比调度机制算法的描述及文献[38]的分析，可以定义在该机制下时隙 $k(k=1,2,3,\cdots)$内，小基站 n 所服务的用户$j(j\in\boldsymbol{J}_n)$的信干噪比$\gamma_{n,j;\max}[k]$如下：

$$\gamma_{n,j;\max}[k]=\begin{cases}\gamma_{n,j}[k], & \gamma_{n,j}[k]>\gamma_{n,-j}[k]\\0, & \gamma_{n,j}[k]<\gamma_{n,-j}[k]\end{cases} \tag{4-46}$$

其中定义变量$\gamma_{n,-j}[k]$为时隙 k 内，小基站 n 除了用户 j 之外，其他所有用户中信干噪比的最大值，即$\gamma_{n,-j}[k]=\max\gamma_{n,m}[k](m\in\boldsymbol{J}_n,m\neq j)$。由于各用户的信道条件相互独立，所以各时隙内，除了用户 j 之外其他用户最大的信干噪比$\gamma_{n,-j}[1]$，$\gamma_{n,-j}[2]$，$\cdots$可以看作一组独立同分布的随机变量，等同于随机变量$\gamma_{n,-j}$。那么进一步地，小基站 n 所服务的用户 j 在各时隙内的信干噪比$\gamma_{n,j;\max}[1],\gamma_{n,j;\max}[2],\cdots$也同样是一组独立同分布的随机变量，等同于随机变量$\gamma_{n,j;\max}$。

定义$C_{n,j;\max}(\boldsymbol{u}\backslash u_n)$为最大信干噪比调度机制下，小基站$n$所服务的用户$j$的瞬时服务速率。为了分析该场景下的跨层容量，首先要给出如下关于$C_{n,j;\max}(\boldsymbol{u}\backslash u_n)$的结论：

命题 4-3 N个小基站多用户最大信干噪比调度场景下，小基站n所服务的用户j瞬时服务速率$C_{n,j;\max}(\boldsymbol{u}\backslash u_n)$的均值和方差分别为

$$\begin{aligned}&E[C_{n,j;\max}(\boldsymbol{u}\backslash u_n)]\\&=\int_0^{+\infty}B\log_2(1+\gamma)\,F_{\gamma_{n,1}}(\gamma,\boldsymbol{u}\backslash u_n)^{J_n-1}f_{\gamma_{n,1}}(\gamma,\boldsymbol{u}\backslash u_n)\mathrm{d}\gamma\end{aligned}\tag{4-47}$$

和

$$\mathrm{Var}[C_{n,j;\max}(\boldsymbol{u}\backslash u_n)]=E[C^2_{n,j;\max}(\boldsymbol{u}\backslash u_n)]-E[C_{n,j;\max}(\boldsymbol{u}\backslash u_n)]^2\tag{4-48}$$

式中，乘数$F_{\gamma_{n,1}}(\gamma,\boldsymbol{u}\backslash u_n)$与$f_{\gamma_{n,1}}(\gamma,\boldsymbol{u}\backslash u_n)$分别由$N$个小基站单用户场景下推导的公式(4-37)及公式(4-36)给出。

命题 4-3 的证明过程，详见附录第 10.3 节。基于命题 4-5 的结果，并根据公式(4-12)及公式(4-47)可知，N个小基站多用户场景应用最大信干噪比机制下，小基站n内的总服务速率$C_{\mathrm{phy};n;\max}$可以表示为如公式(4-49)：

$$\begin{aligned}&C_{\mathrm{phy};n;\max}(\boldsymbol{u}\backslash u_n)\\&=J_n\int_0^{+\infty}B\log_2(1+\gamma)\,F_{\gamma_{n,1}}(\gamma,\boldsymbol{u}\backslash u_n)^{J_n-1}f_{\gamma_{n,1}}(\gamma,\boldsymbol{u}\backslash u_n)\mathrm{d}\gamma\end{aligned}\tag{4-49}$$

同样地，分别用公式(4-47)和公式(4-48)中的结果代入公式(4-10)中的$E[C_{n,j}]$与$\mathrm{Var}[C_{n,j}]$，可以得到N个小基站多用户场景应用最大信干噪比调度机制下，小基站n所服务的用户j的有效容量$\alpha^{(c)}_{n,j;\mathrm{RR}}$的近似值如下：

$$\alpha^{(c)}_{n,j;\max}(\boldsymbol{u})\approx E[C_{n,j;\max}(\boldsymbol{u}\backslash u_n)]-\frac{\mathrm{Var}[C_{n,j;\max}(\boldsymbol{u}\backslash u_n)]T_S}{2}u_n\tag{4-50}$$

4.5.3 多用户不同调度下系统性能分析问题构建

基于第 4.5.1 节和第 4.5.2 节的分析并根据图 4-2 于整体端到端数据传输的建模可知，无论是非连续发送机制抑或是多用户调度机制，其应用执行均发生在数据发送侧。与此同时，由于本章中假定数据的到达与发送过程相互独立互不相关，上述两个机制的应用执行对于求解小基站各用户的有效带宽的过程不造成任何影响。因此，根据公式(4-6)可知，在上述两个机制下，小基站n所服务的用户j的有效带宽相同，其表达式为

$$\alpha^{(b)}_{n,j;\mathrm{RR}/\max}(u_n)=\frac{1}{u_nT_S}\log\left(\frac{p_n}{1-u_nL_n}+1-p_n\right)\tag{4-51}$$

根据第 4.2.3 节中的讨论可知，如果要在应用非连续发送机制的多用户超密集网络中，分析其物理层总服务速率及链路层 QoS 等网络性能的关键问题，在于求解一个特定 QoS 向量$\boldsymbol{u}^*=[u_1^*,\cdots,u_N^*]$，使得该向量能满足如下所示的多维非线性方程组：

$$\begin{cases}f_1(\boldsymbol{u})=\alpha^{(c)}_{1,j;\mathrm{RR}/\max}(\boldsymbol{u})-\alpha^{(b)}_{1,j;\mathrm{RR}/\max}(u_1)\\\qquad\vdots\\f_N(\boldsymbol{u})=\alpha^{(c)}_{N,j;\mathrm{RR}/\max}(\boldsymbol{u})-\alpha^{(b)}_{N,j;\mathrm{RR}/\max}(u_N)\end{cases}\tag{4-52}$$

如前所述，上述方程组可以通过第 4.2.5 节中提出的多维求根算法，基于多维有效容量在非连续发送机制多用户超密集场景下的性质特征进行求解。在完成求解这一特定 QoS 向量$\boldsymbol{u}^*=(u_1^*,\cdots,u_N^*)$后，可以根据公式(4-12)分析物理层总服务速率，根据公式(4-14)、公式(4-16)计算链路层的缓存队列溢出概率与延时中断概率进一步分析网络 QoS 的性能。

4.6 仿真验证与分析

4.6.1 双小基站多用户场景模型验证分析

基于第 4.1 节中提出的非连续发送机制系统模型，本小节搭建了面向双小基站多用户场景的仿真模型。在该模型中，假定小基站 1 内服务的用户数为 3 个，小基站 2 服务的用户数为 2 个。此外，带宽 B 为 180 kHz，等同于 5G 时频资源网格上的一个资源块。时隙长度 T_S 等于 5G 网络中一个子帧长度 1 ms；噪声谱密度 N_0 设定为 −174 dBm/Hz。

两个小基站内各用户的数据到达长度平均速率分别为 200 kbit/s（中高等质量的视频通话业务）与 100 kbit/s（传统语音业务）。在不存在小区间干扰时，两个小基站内用户的信干噪比均为 20 dB。剩余所有的参数设置如表 4-1 所示。

表 4-1　双小基站多用户场景下仿真参数

参数	数值
带宽，B	180 kHz
噪声频率谱密度，N_0	−174 dBm/Hz
时隙，T_S	1 ms
小基站内用户数，J_n	$J_1=3, J_2=2$
到达数据包长均值，L_n	$L_1=2\,000, L_2=1\,000$
数据到达概率，p_n	$p_1=p_2=0.01, 0.02, \cdots, 0.16$
接收的有效功率均值，$P_{n,n}$	$P_{1,1}=P_{2,2}=-101.44$ dBm
接收的干扰功率均值，$P_{i,n}$	$P_{1,2}=-120.44$ dBm，$P_{2,1}=-119.44$ dBm
仿真迭代时间	10 000 s

结合以上提出的假设和参数设置，通过第 4.2.5 节中提出的多维求根算法可以找到上述两种调度机制下，符合公式(4-52)条件的特定 QoS 指数u_1^*、u_2^*，其中求解精度设置为 $\varepsilon=10^{-6}$。由表 4-1 列出的上述两种场景下u_1^*，u_2^*求解结果，需要注意的是表中的值为四舍五入到 4 位小数后近似值，实际在进行仿真验证时采用的是求解所得的精确值。

由于两个小基站在分析推导和仿真验证的过程中完全一致，为了使得本节内容简洁扼要，在不失一般性的条件下，选取小基站 1 内系统性能作为验证模型有效性及后续数据分析的对象。

表 4-2　双小基站两种调度下 QoS 指数u^*等计算结果

调度方式变量	轮询调度	最大信干噪比调度
小基站 1 QoS 指数，u_1^*	2.0943e−4	2.4639e−4
小基站 2 QoS 指数，u_2^*	8.1859e−4	8.0531e−4

图 4-3 和图 4-4 所示为双小基站多用户场景中，分别应用轮询与最大信干噪比调度时，小基站 1 内各用户缓存队列长度溢出概率 $\Pr(Q>B)$ 与延时中断概率 $\Pr(D>t)$ 的仿真结果与理论计算结果。其中，在上述仿真参数设置下，符合公式(4-52)条件的特定 QoS 指数向量$\boldsymbol{u}^*=(u_1^*,u_2^*)$，是基于第 4.2.5 节中提出的多维求根算法求解得出的。在得到特定 QoS 指数向量$\boldsymbol{u}^*$后，进一步地根据公式(4-14)与公式(4-16)，计算得到上述图中关于缓存队列溢出概率 $\Pr(Q>B)$ 和延时中断概率 $\Pr(D>t)$ 的理论结果。

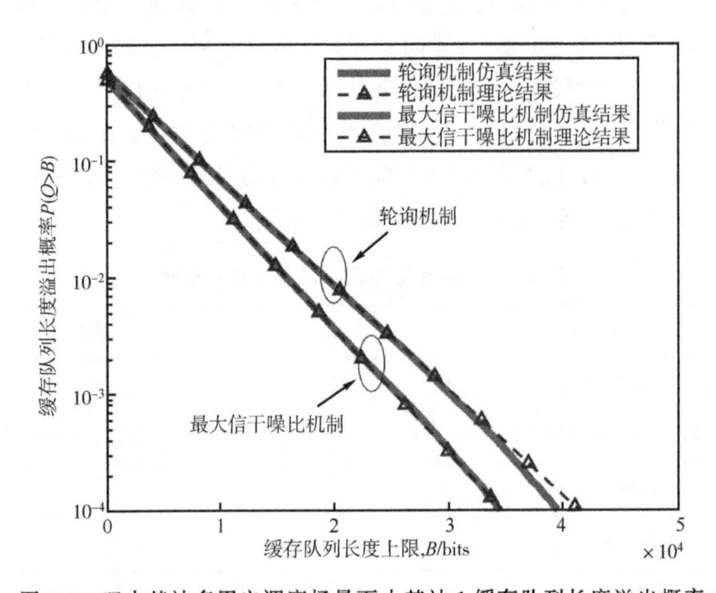

图 4-3　双小基站多用户调度场景下小基站 1 缓存队列长度溢出概率

从图 4-3 和图 4-4 可以发现，在轮询与最大信干噪比调度这两个场景中，上述两项性能指标的仿真结果与理论结果均相互匹配。这一结果表明，本章所提出的跨层分析模型，面向非连续发送机制下多用户超密集网络，通过结合物理层信道情况、数据到达与发送过程、链路层缓存队列情况，构建并求解性能分析关键问题，可以准确得到特定 QoS 指数向量$\boldsymbol{u}^*$，有效分析网络内总服务速率、缓存队列溢出概率、延时中断概率等跨层系统性能。

为了更好地研究用户的有效容量情况与调度机制、数据到达情况等关系，本节中假定小基站 2 的数据到达情况不变，调整小基站 1 内的数据到达长度均值，进一步仿真上述两种调度机制下满足特定延时需求的有效容量域，如图 4-5 所示。该有效容量域能够反映出在非连续发送机制下多用户超密集网络内网络容量与 QoS 性能之间的权衡关系，可以将其应用于分析网络架构设计、最优资源分配等问题。图中，横轴表示小基站 1 不同数据到达长度均值L_1，纵轴表示基于给定条件下，满足延时中断概率 $\Pr(D>t)=0.1$ 所对应的延时上限值 t。根据公式(4-16)可知，在数据到达长度均值L_1相同的条件下延时上限值 t 越大，表示网络内 QoS 性能更好。

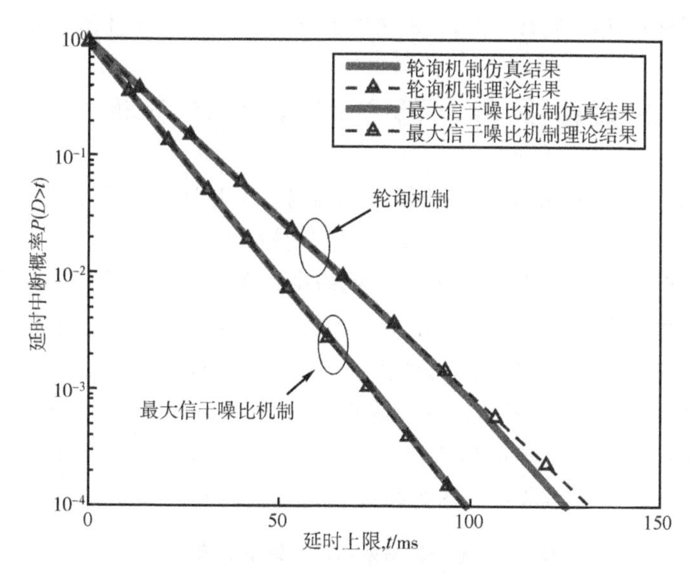

图 4-4 双小基站多用户调度场景下小基站 1 延时中断概率

观察图 4-5 发现：当数据到达长度均值$L_1>1\,250$ bits 时(高负载情况)，最大信干噪比调度下的 QoS 性能远好于同条件下的轮询调度的表现。原因在于当网络内处于高负载情况时，小基站 1 的特定 QoS 指数u_1^* 接近于零，根据计算公式(4-10)，此时用户的有效容量取决于服务速率的均值。而由于最大信干噪比调度在各时隙内均调度信道质量最佳的队列进行数据传输，较无差别调度的轮询机制，可以获得更大的多用户分集增益。因此，最大信干噪比调度下的服务速率均值会高于轮询调度，从而提高网络内的 QoS 性能。

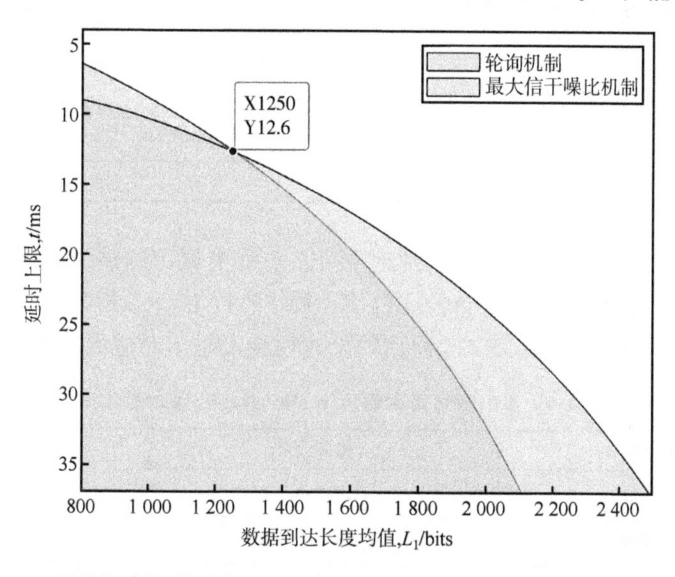

图 4-5 两种调度场景下小基站 1 内延时 $\Pr(D>t)=0.1$ 对应有效容量域

与此同时，当数据到达长度均值$L_1<1\ 250$ bits时，由于网络内负载情况较低，QoS性能较好，即小基站1的特定QoS指数u_1^*接近于$1/L_1$，此时小基站1内用户的有效容量取决于服务速率的方差。由于最大信干噪比调度机制下，各时隙内服务速率的随机性大于轮询机制，因此该机制下服务速率波动更大，使得方差更大，网络内QoS性能更差。

4.6.2 N个小基站多用户场景模型验证分析

为了进一步验证本章提出的跨层分析模型在面向多小基站场景下的推导结果的准确性，本小节将拓展第4.6.1节内的模型搭建，进行对应的数据分析和结果讨论。本小节的模型仍基于第4.1节中提出的非连续发送机制系统模型，假定网络中存在四个小基站。同时，假定各小基站内服务的用户数分别为3个、2个、3个以及3个。此外，带宽B为180 kHz，时隙长度T_S等于5G网络中一个子帧长度1 ms；噪声谱密度N_0设定为−174 dBm/Hz，均与第4.6.1节的设定相同。

四个小基站内各用户的数据到达平均速率分别为200，100，150，120 kbit/s。在不存在小区间干扰时，各小基站内用户的信干噪比均为20 dB。剩余所有的参数设置如表4-3所示。同样地，本小节中选取小基站1作为验证模型有效性及后续数据分析的对象。

表4-3　多小基站多用户场景下仿真参数

参数	数值
带宽，B	180 kHz
噪声频率谱密度，N_0	−174 dBm/Hz
时隙，T_S	1 ms
小基站内用户数，J_n	$J_1=3, J_2=2, J_3=3, J_4=3$
到达数据包长均值，L_n	$L_1=2\ 000, L_2=1\ 000, L_3=1\ 500, L_4=1\ 200$
数据到达概率，p_n	$p_1=p_2=p_3=p_4=0.1$
接收的有效功率均值，$P_{n,n}$	$P_{1,1}=P_{2,2}=P_{3,3}=P_{4,4}-101.44$ dBm
接收的干扰功率均值，$P_{i,n}$	$P_{1,2}=P_{2,1}=P_{3,4}=P_{4,3}-119.44$ dBm $P_{1,3}=P_{3,1}=P_{2,4}=P_{4,2}-120.44$ dBm $P_{1,4}=P_{4,1}=P_{2,3}=P_{3,2}-119.94$ dBm
仿真迭代时间	10 000 s

结合以上提出的假设和参数设置，通过第4.2.5节中提出的多维求根算法可以找到上述两种调度机制下，四个小基站符合公式(4-52)条件的特定QoS指数u_1^*、u_2^*、u_3^*、u_4^*，其中求解精度设置为$\varepsilon=10^{-6}$，并由表4-4列出的上述两种场景下对应的求解结果。

表4-4　多小基站两种调度下QoS指数u^*等计算结果

调度方式变量	轮询调度	最大信干噪比调度
小基站1 QoS指数，u_1^*	1.4394e−4	2.1989e−4
小基站2 QoS指数，u_2^*	7.6787e−4	7.8102e−4
小基站3 QoS指数，u_3^*	3.0549e−4	3.0549e−4
小基站4 QoS指数，u_4^*	3.47687e−4	3.4769e−4

图 4-6 和图 4-7 所示为上述四小基站多用户场景中分别应用轮询机制与最大信干噪比机制时，小基站 1 内各用户缓存队列长度溢出概率$\Pr(Q>B)$与延时中断概率 $\Pr(D>t)$的仿真结果与理论计算结果。与第 4.6.1 节相同地，通过第 4.2.5 节中提出的多维求根算法求解符合公式(4-52)条件的特定 QoS 指数向量$\boldsymbol{u}^*$ 。

在得到特定 QoS 指数向量$\boldsymbol{u}^*$后，进一步地根据公式(4-14)与公式(4-16)，得到小基站 1 内各用户缓存队列长度溢出概率 $\Pr(Q>B)$与延时中断概率 $\Pr(D>t)$的理论结果。从图 4-6、图 4-7 可以发现，将本章中提出的跨层分析模型应用于多小基站多用户场景中，无论是在轮询机制还是在最大信干噪比机制下，上述两项性能指标的仿真结果与理论结果相互重合。这一结果验证了第 2 章提出的跨层分析模型的有效性，也证明了第 4.5 节中对于上述两种调度机制下信干噪比、总服务速率、有效容量等系统性能推导的正确性。

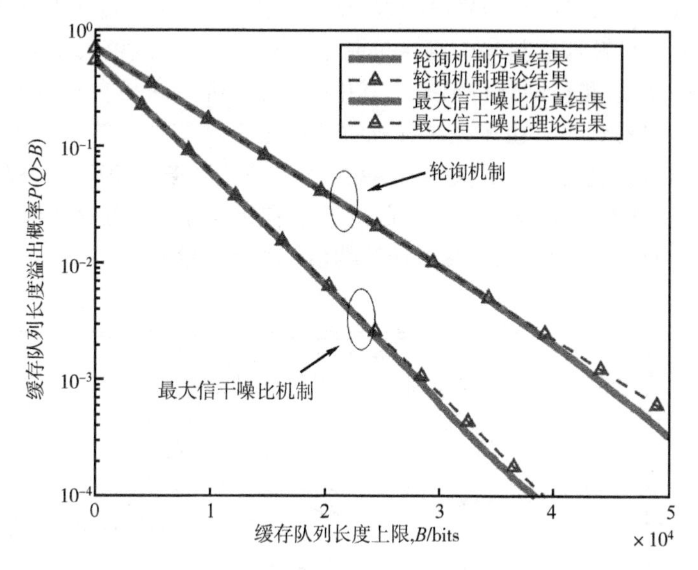

图 4-6　四小基站多用户调度场景下小基站 1 缓存队列长度溢出概率

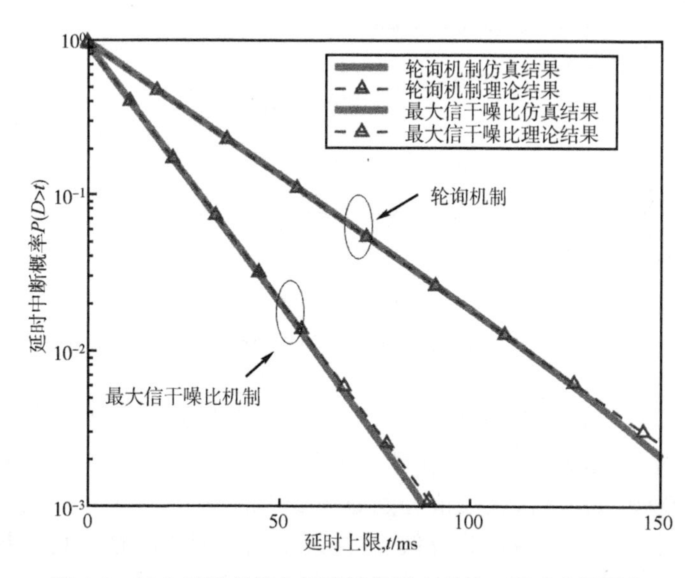

图 4-7　四小基站多用户调度场景下小基站 1 延时中断概率

4.6.3 非连续发送机制性能提升验证分析

在全缓存机制下，将假定小基站始终保持数据传输过程而不存在空闲状态。那么此时，网络内各小基站在各时隙内都将收到来自其他小基站的小区间干扰。与此同时，为了探究数据到达长度均值对于上述两种机制下网络跨层容量的影响，本节中进一步将各小基站数据到达长度均值L_1、L_2、L_3、L_4设定为同一值L_0，并将L_0的值线性地从 1 000 bits 提升至 2 000 bits。这意味着各小基站的数据到达平均速率从 100 kbit/s 增长至 200 kbit/s。在上述不同L_0设定下，非连续发送机制与全缓存机制在轮询与最大信干噪比这两种调度方式下网络的跨层容量关键问题，均可以首先根据公式(4-52)构建(其中，全缓存机制假定$P_{\mathrm{idle};n}(n=1,2,3,4)=0$)，然后基于提出的多维求根算法求解特定 QoS 指数向量$\boldsymbol{u}^*$。

图 4-8 所示非连续发送机制与全缓存机制下，小基站 1 在两种调度方式下物理层总服务速率$C_{\mathrm{phy};1}$的仿真结果和理论分析结果。其中，理论分析结果是在获得特定 QoS 指数向量$\boldsymbol{u}^*$后基于公式(4-12)计算。由于全缓存机制下假定各小基站始终处于工作状态，各小基站内的服务过程与数据到达情况无关，即小基站 1 内的总服务速率$C_{\mathrm{phy};1}$不随数据到达长度均值L_0变化，为一固定值。非连续发送机制及全缓存机制下，不同数据到达长度均值条件计算出的小基站 1 总服务速率$C_{\mathrm{phy};1}$具体计算数值由表 4-5 给出。

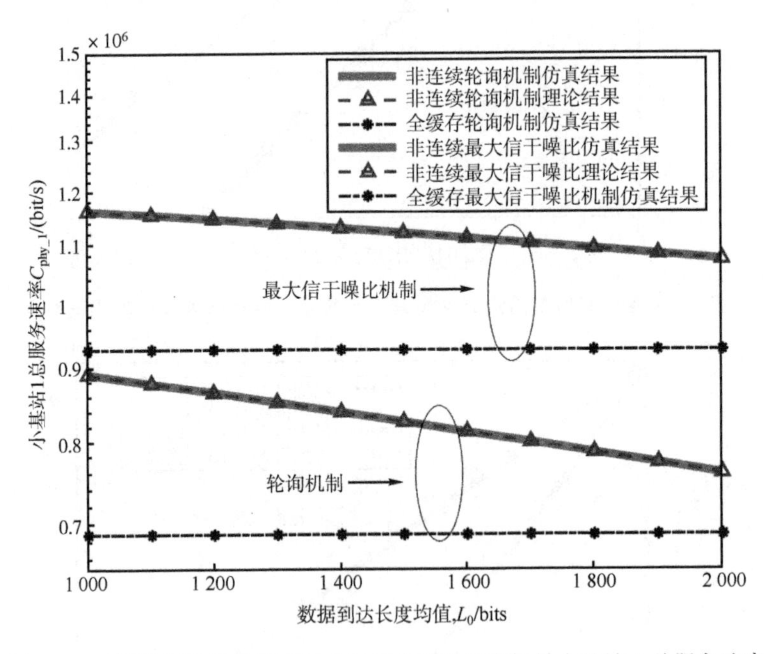

图 4-8 不同数据到达长度下四小基站多用户调度场景小基站 1 总服务速率

由图 4-8 及表 4-5 可以发现，当$L_0=1\ 000$ bits 时，在轮询和最大信干噪比调度方式下，应用非连续发送机制相较全缓存机制可以分别提升小基站 1 内总服务速率 29.6%及 25.2%；而当$L_0=2\ 000$ bits 时，该数值分别缩小至 10.5%及 15.7%。其原因在于当$L_0=1\ 000$ bits时，网络内各小基站内负载较低，非连续发送机制下其他干扰小基站更倾向于处于空闲状态，即$u_1^*\to 1/L_1$。因此相比起全缓存机制，该机制可以极大地降低小基站 1 内的小区间干扰水平，从而提升各用户信干噪比性能以及小基站 1 的总服务速率。

随着数据到达长度均值L_0提升，各小基站的非空概率不断变小，即$u_1^* \to 0$。由于其他干扰小基站对于小基站 1 的小区间干扰不断增大，小基站 1 各用户的信干噪比性能下降，服务速率降低。因此，小基站 1 内总服务速率降低。这意味着，此时非连续发送机制场景趋向于全缓存机制，两者之间的总服务速率差距由此随着数据到达长度均值L_0的提升而不断缩小。不同数据到达长度均值下小基站 1 总服务速率，如表 4-5 所示。

表 4-5 不同数据到达长度均值下小基站 1 总服务速率

长度均值L_0	调度方式			
	轮询（非连续）	最大信干噪比（非连续）	轮询（全缓存）	最大信干噪比（全缓存）
1 000 bits	8.9268e+5	1.1629e+6	6.8893e+5	9.2912e+5
1 100 bits	8.7957e+5	1.1555e+6		
1 200 bits	8.6640e+5	1.1476e+6		
1 300 bits	8.5318e+5	1.1394e+6		
1 400 bits	8.3993e+5	1.1308e+6		
1 500 bits	8.2666e+5	1.1220e+6		
1 600 bits	8.1340e+5	1.1129e+6		
1 700 bits	8.0015e+5	1.1036e+6		
1 800 bits	7.8693e+5	1.0942e+6		
1 900 bits	7.7376e+5	1.0845e+6		
2 000 bits	7.6066e+5	1.0747e+6		

图 4-9 和图 4-10 所示为非连续发送机制与全缓存机制下，小基站 1 各用户在两种调度方式的不同数据到达长度均值条件下，数据链路层平均延时 $E[D_{1,j}]$的仿真结果和理论分析结果。其中，理论分析结果在获得特定 QoS 指数向量$\boldsymbol{u}^*$后基于公式(4-18)计算得出，具

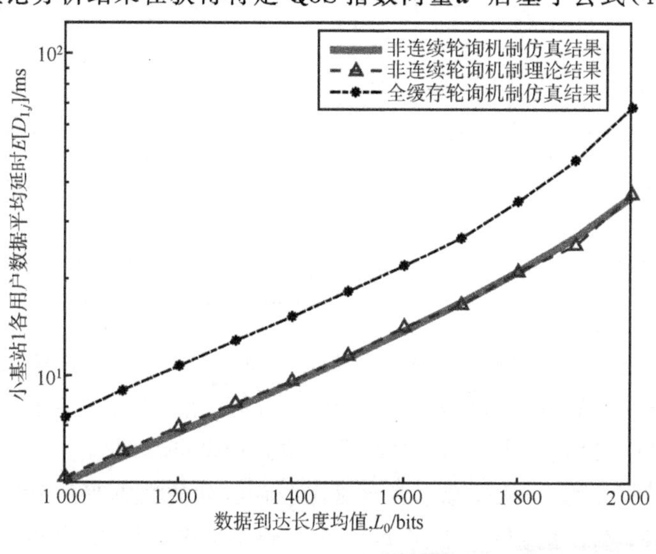

图 4-9 不同数据到达长度下四小基站轮询调度小基站 1 平均延时

体计算数值由表 4-6 给出。观察图 4-9、图 4-10 和表 4-6 发现：当L_0=1 000 bits 时，在轮询和最大信干噪比两种调度方式下，应用非连续发送机制相较全缓存机制可以分别提升小基站 1 内各用户数据平均延时约 37.2%及 23.1%。

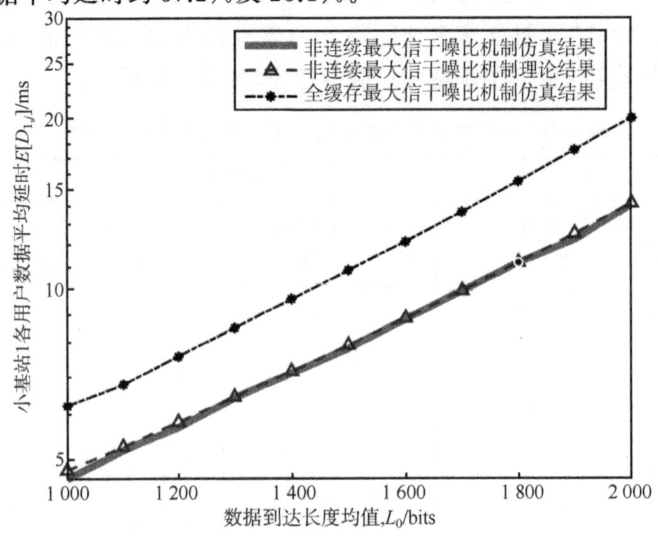

图 4-10 不同数据到达长度下四小基站最大信干噪比调度小基站 1 平均延时

表 4-6 不同数据到达长度下小基站 1 各用户数据平均延时

长度均值L_0	调度方式			
	轮询（非连续）	最大信干噪比（非连续）	轮询（全缓存）	最大信干噪比（全缓存）
1 000 bits	4.658 9	4.773 7	7.419 7	6.208 3
1 100 bits	5.577 5	5.253 6	9.003 1	6.760 9
1 200 bits	6.654 2	5.804 0	10.709 8	7.585 9
1 300 bits	7.933 1	6.429 3	12.834 5	8.514 2
1 400 bits	9.476 2	7.137 4	15.234 8	9.561 0
1 500 bits	11.374 3	7.939 7	18.262 9	10.746 3
1 600 bits	13.765 2	8.851 8	21.938 1	12.096 0
1 700 bits	16.868 0	9.894 2	26.824 6	13.644 3
1 800 bits	21.054 8	11.094 0	34.829 4	15.435 8
1 900 bits	27.010 9	12.487 1	46.696 0	17.530 8
2 000 bits	36.152 2	14.122 0	68.174 4	20.011 4

与小基站 1 总服务速率分析过程相似，当L_0=1 000 bits 时，非连续发送机制下各小基站由于数据到达量较小而更倾向于处于空闲状态。因此相比起全缓存机制假定基站始终保持工作状态，该机制可以降低小基站 1 内各用户收到的来自其他小基站的干扰，提升其信干噪比性能以及瞬时服务速率，从而减小各自对应缓存队列的数据平均延时。但随着数据到达长度均值L_0提升，各小基站网络负荷增大，不断趋于全缓存机制，使得小基站 1 各用户收到的小区间干扰不断增大。信干噪比性能下降，瞬时服务速率降低。因此，小基站 1 内各用

户缓存队列的长度随之增加。综上所述，在低负载情况下非连续发送机制可以有效提升系统总服务速率、平均延时等跨层性能，但当数据到达速率不断增大时，非连续发送机制趋于全缓存机制，上述性能提升能力逐渐降低。

4.7 本章小结

在本章中，我们对超密集无线网络中服务质量（QoS）与能效的分析进行了全面的研究。首先介绍了超密集无线网络的端到端架构，并探讨了如何在这种架构中实现和保障高 QoS 标准。

本章通过对多维有效容量进行深入分析，阐述了在超密集无线网络环境下进行 QoS 性能评估的理论和方法。其中，详细讨论了网络内小区间干扰的建模，有效带宽和有效容量的计算，以及基于有效容量理论的网络 QoS 性能分析。特别是多维有效容量的理论推导和算法设计，为超密集网络环境中的 QoS 保障提供了一种新的分析维度。

通过具体的例子，本章展示了在不同的网络场景下，如双小基站单用户场景、N 个小基站单用户场景，以及 N 个小基站多用户调度场景下的跨层有效容量分析。这些例子不仅包括了多用户轮询调度机制和最大信干噪比调度机制的分析，还构建了在多用户不同调度策略下的系统性能分析问题。最后，通过一系列仿真实验，本章验证了双小基站和 N 个小基站多用户场景下模型的有效性，以及非连续发送机制在性能提升方面的潜力。

综上所述，本章不仅在理论上拓展了对超密集无线网络中有效容量的认识，同时也为实际网络设计和性能优化提供了实用的分析工具和策略。通过仿真实验，进一步证实了这些理论和方法在实际应用中的有效性。

第5章

业务流服从负指数分布的点到点通信中网络演算及其跨层能效分析和能效优化

本章将在考虑无线信道质量和负指数分布到达的情况下，通过引入有效带宽和有效容量模型，结合非连续接收机制，提出一个跨层设计的能效分析模型，用于分析保障 QoS 需求下的非连续传输优化方案。

5.1 基于有效带宽模型和有效容量理论的延时分析

5.1.1 延时约束与功率分配下的无线通信系统模型

本章所采用的无线通信系统模型如图 5-1 所示，是一个具有链路层及物理层的跨层系统模型。在链路层第二层中，包含了一个数据源和一个缓冲区，缓冲区的大小为无限大，并且服从先入先出(FIFO)的原则。此外，该系统为时间离散的，每个时隙持续的时间用T_S表示，等于每个衰落块的长度[28,39]。

如图 5-1 所示，在第 n 个时隙，从上层信源到达缓存器的数据是$A[n]$。假设数据到达流 $A[1]$,$A[2]$,…是独立同分布的随机变量，等同于一个随机变量 A；业务流的数据到达符合概率参数为 p 的伯努利过程(有数据到达的概率为 p，没有数据到达的概率为 $1-p$)。

$$f_A(a)=\begin{cases} p\dfrac{1}{L}\exp\left(-\dfrac{1}{L}a\right), & a>0 \\ 1-p, & a=0 \end{cases} \tag{5-1}$$

业务流的平均到达率为

$$\mu = p\,\overline{L}/T_S \tag{5-2}$$

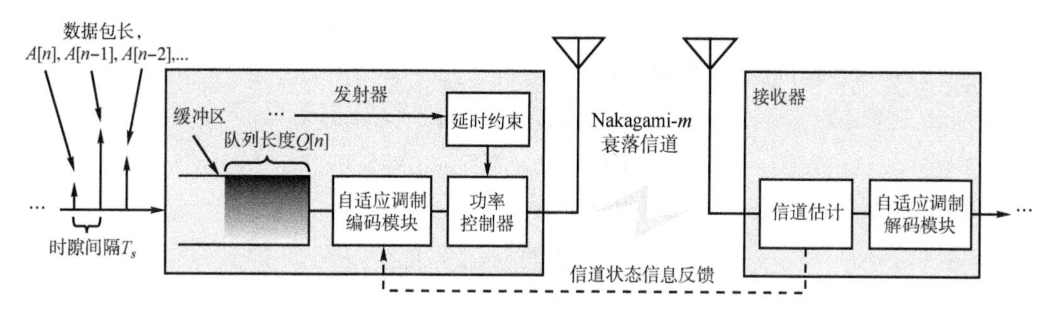

图 5-1 延时约束与功率分配下的无线通信系统模型

对于无线信道，我们仍采用 Nakagami-m 块衰落分布[参考第 3.4 节和公式(3-20)]。接下来，对于信道容量 $C[n]$，假设在第 n 个时隙，信道容量是信噪比 $\gamma[n]$的函数，且信道容量符合香农定理

$$C[n] = B_c \log_2(1+\gamma[n]) \tag{5-3}$$

在块衰落信道中，信道瞬时能传输的数据量 $S[n]$与信道容量 $C[n]$存在线性关系：

$$S[n] = T_S C[n] \tag{5-4}$$

那么，在第 n 个时隙，信道瞬时能传输的数据量可以表示为

$$S[n] = T_S(B_c \log_2(1+\gamma[n])) \tag{5-5}$$

由于任何时变无线信道的服务速率不均匀，假设服务业务流 $S[1]$，$S[2]$，…也是独立同分布的随机变量，等同于随机变量 S。

已知业务流变量 A 的概率分布函数$f_A(a)$为公式(5-1)，所以公式(3-4)中的对数矩生成函数$\Lambda_A(u)$可以表示为

$$\Lambda_A(u) = \log\left(\int_0^\infty \frac{p}{\overline{L}}\, \mathrm{e}^{\left(u-\frac{1}{\overline{L}}\right)a}\,\mathrm{d}a + (1-p)\right) \tag{5-6}$$

式中，QoS 指数参数 $u<1/\overline{L}$ 总是成立，因为根据有效带宽和有效容量模型的第一个条件，$\Lambda_A(u)$必须是可微分的(或者是有限值)，也就是说公式(5-6)中的积分必须完全收敛。满足该条件，有效带宽$\alpha^{(b)}(u)$为

$$\alpha^{(b)}(u) = \frac{\Lambda_A(u)}{T_S u} = \frac{1}{T_S u}\log\left(\frac{p}{1-u\overline{L}} + 1 - p\right) \tag{5-7}$$

用$f_S(s)$和$f_\gamma(\gamma)$分别代表数据服务变量 S 和信噪比 γ 的概率分布函数，那么公式(5-5)的有效容量$\alpha^{(c)}(u)$可以表示为 γ 的一个函数：

$$\alpha^{(c)}(u) = -\frac{1}{T_S u}\log\left(\int_0^\infty \mathrm{e}^{-uT_S B_c \log_2(1+\gamma)} f_\gamma(\gamma)\,\mathrm{d}\gamma\right) \tag{5-8}$$

如果存在特殊的 QoS 指数参数u^*满足限制条件公式(3-7)：

$$\alpha^{(b)}(u^*) = \alpha^{(c)}(u^*) \Leftrightarrow \left(\frac{p}{1-u^*\overline{L}} + (1-p)\right)\cdot \int_0^\infty \mathrm{e}^{-u^* s} f_S(s)\,\mathrm{d}s = 1 \tag{5-9}$$

式中，$\Leftrightarrow$是等价条件符号，那么数据溢出概率可以用式公式(3-7)估算得到。

因此，缓存器中积压数据长度的分布函数为

$$f_Q(b)=\begin{cases}p_b f_{Q^+}(b)+(1-p_b)\delta(b), & (b\geqslant 0)\\ 0, & (b<0)\end{cases} \tag{5-10}$$

式中，$f_{Q^+}(b)$是一个辅助函数，被定义：

$$f_{Q^+}(b)=\begin{cases}u^*\exp(-u^*b), & (B\geqslant 0)\\ 0, & (b<0)\end{cases} \tag{5-11}$$

根据文献[19]，缓存器非空概率p_b可以估算为

$$p_b\approx\frac{\Pr(A>S)}{1-\Pr(Q^++A>S)+\Pr(A>S)}$$

上式中的 $\Pr(A>S)$和 $\Pr(Q^++A>S)$能分别用

$$\Pr(A>S)=\int_0^\infty\left(\int_S^\infty f_A(a)\mathrm{d}a\right)f_S(s)\mathrm{d}s=p\int_0^\infty \mathrm{e}^{-\frac{s}{L}}f_S(s)\mathrm{d}s \tag{5-12}$$

和

$$\begin{aligned}P(Q^++A>S)=&\left(\frac{p}{1-u^*\overline{L}}+(1-p)\right)\int_0^\infty \mathrm{e}^{-u^*s}f_s(s)\mathrm{d}s\\ &+\frac{pu^*}{u^*-1/\overline{L}}\int_0^\infty \mathrm{e}^{-\frac{s}{L}}f_s(s)\mathrm{d}s\end{aligned} \tag{5-13}$$

表示。

通过把公式(5-13)的一部分用公式(5-9)替代，可以得到

$$P(Q^++A>S)=1+\frac{pu^*}{u^*-1/\overline{L}}\int_0^\infty \mathrm{e}^{-\frac{s}{L}}f_S(s)\mathrm{d}s \tag{5-14}$$

现在p_b能够用公式(5-12)和公式(5-14)表示，值得注意的是，积分 $\int_0^\infty \mathrm{e}^{-\frac{S}{L}}f_S(s)\mathrm{d}s$ 能够被消除掉，于是p_b最后的结果是

$$p_b\approx 1-u^*\overline{L} \tag{5-15}$$

5.1.2 延时中断概率计算

根据文献[19]，可得到结论如下。

命题 5-1 在一个数据服务变量为独立同分布的、是否有数据到达服从伯努利分布、数据包长符合指数分布的系统中，如果存在一个满足公式(5-9)的特殊 QoS 指数参数u^*，那么延时中断概率的分布函数能够估算为

$$P(D>t)\approx p_w\left(\frac{1-u^*\overline{L}}{1-u^*\overline{L}+pu^*\overline{L}}\right)^{\frac{t}{T_S}} \tag{5-16}$$

其中

$$p_w=\frac{1-u^*\overline{L}}{1-u^*\overline{L}+pu^*\overline{L}} \tag{5-17}$$

命题 5-1 的证明如下。

证明：根据公式(3-11)，命题 5-1 所描述的系统条件下，对于较小的数据待传输队长的上限值 B，队列溢出概率能被估算为

$$P(Q>B)\approx p_b\exp(-u^*B) \tag{5-18}$$

其中缓存器非空概率p_b为

$$p_b\approx 1-u^*\overline{L}$$

同时,在该系统条件下,稳定状态下,系统的延时D是一个随机变量,它的分布满足

$$\lim_{t\to\infty}\frac{1}{t}\log P(D>t)=-\theta^*$$

式中,t指的是延时上限值,θ^*指的是延时指数参数。

$$\theta^*=u^*\alpha^{(b)}(u^*)=\frac{1}{T_S}\log\left(\frac{p}{1-u^*\overline{L}}+1-p\right)$$

对于较小的延时上限值t,时延的违反概率(即中断概率)分布函数能被估算为

$$P(D>t)\approx p_w\exp(-\theta^*t)=p_w\left(\frac{1-u^*\overline{L}}{1-u^*\overline{L}+pu^*\overline{L}}\right)^{\frac{t}{T_S}} \tag{5-19}$$

也就是公式(5-16),式中的p_w指的是延时非零概率。通过 Little's Law,能够得到以下等式:

$$E[D]=\frac{E[Q]}{\lambda}$$

式中,μ是数据平均到达速率。通过公式(5-18),可以得到$E[Q]=p_b/u^*$;通过公式(5-19),可以得到$E[D]=T_Sp_w(pu^*\overline{L}-u^*\overline{L}+1)/(pu^*\overline{L})$。因此,延时非零概率为

$$p_w=\frac{p_b}{1-u^*\overline{L}+pu^*\overline{L}}=\frac{1-u^*\overline{L}}{1-u^*\overline{L}+pu^*\overline{L}}$$

即公式(5-17)。

通过命题5-1,当预定义一个时延条件约束对$\{D_{\max},\varepsilon\}$,可以得到延时中断概率的具体表达式为

$$P(D>D_{\max})\approx\left(\frac{1-u^*\overline{L}}{1-u^*\overline{L}+pu^*\overline{L}}\right)^{\frac{D_{\max}}{T_S}+1}\leqslant\varepsilon$$

证毕。

5.2 延时保障下能效优先的功率控制问题

5.2.1 双模电路下的跨层能效分析模型

由双模电路的工作原理可知,当且仅当上层没有信源流到达和缓存器非空两个事件同时发生时,双模电路才会处于空闲模式,而这两个事件是相互独立的,所以双模电路处于空闲模式的概率p_{idle}可以求解为

$$p_{\text{idle}}=(1-p_b)(1-p) \tag{5-20}$$

由于忽略了传输模式和空闲模式之间转换的过程,根据概率论的归一性,可得双模电路处于传输模式的概率p_{tx}为

$$p_{tx}=1-p_{idle}=p+(p-1)p_b \tag{5-21}$$

将公式(5-20)和公式(5-21)代入公式(1-7),可以得到系统能效的表达式为

$$\eta=\frac{\mu}{P_c+P_{tx}(1-p_{idle})+P_{idle}p_{idle}}$$
$$=\frac{\mu}{P_c+P_{tx}-(P_{tx}-P_{idle})(1-p)(1-p_b)}$$

目前,系统能效新型模型的表达式中,只有缓存器非空概率是未知的,接下来对缓存器非空概率进行估计方法研究。由上部分,已经准确估算出缓存器非空概率p_b,与此同时能够得到双模电路处于空闲模式和传输模式的概率分别为

$$p_{idle}\approx u^*\overline{L}(1-p) \tag{5-22}$$

和

$$p_{tx}\approx 1-u^*\overline{L}(1-p) \tag{5-23}$$

现将这些结果代入新型能效模型,能够得到新的表达结果

$$\eta\approx\frac{\mu}{P_{tx}+P_c-(P_{tx}-p_{idle})u^*\overline{L}(1-p)} \tag{5-24}$$

式中,$u^*>0$ 是一个特殊 QoS 指数参数,它满足条件公式(3-7)

$$\frac{1-u\overline{L}}{1-(1-p)u\overline{L}}=\int_0^{\infty} e^{-us}f_s(s)ds \tag{5-25}$$

5.2.2 影响双模电路下跨层能效的因素

通过公式(5-24)可知,影响双模电路下跨层能效因素包括:数据到达概率、数据包平均长度、有效容量方程中的 QoS 指数参数以及双模电路的发送功率、空闲功率和固有功率。数据到达概率 p 和数据包平均长度$\overline{L}$是由数据到达量过程决定的,这已经在第 5.2.1 节中讨论过。有效容量方程中的 QoS 指数参数u^*与传输延时限制条件有关系。从图 5-1 的端到端的无线通信系统中,假设信道状态信息(Channel State Information,CSI)在接收机处能够被完美地估计,并且可靠而没有任何延迟地反馈给发送机,发送机的发送功率P_{tx}是由 CSI 和延时中断概率共同决定的。发送机的空闲功率和固有功率非可变。所以最后对系统能效产生影响的最重要的两个因素是延时限制条件和发送功率,其中发送功率又是由延时限制条件决定的。接下来先讨论端到端延时限制条件。

5.2.3 端到端延时保障限制条件

为了保障通信 QoS,系统会根据数据业务类型等综合因素对延时设置约束条件。衡量延时常用的方法是预定义一个条件约束对$\{D_{max},\varepsilon\}$,该约束对指的是系统的延时 D 超过最大延时上限D_{max}的概率不能超过限值 ε,当系统不能保证以下不等式

$$P(D>D_{max})\leqslant\varepsilon \tag{5-26}$$

时,系统处于延时中断状态,公式(5-26)就是延时中断概率。

通过以上对影响双模电路下跨层能效的因素的分析，延时保障限制下，能效优先的功率控制问题能够总结为

P1：

$$\max\eta=\max\frac{\mu}{P_{tx}+P_c-(P_{tx}-P_{idle})u^*\overline{L}(1-p)} \tag{5-27}$$

并使得

$$P(D>D_{max})\leqslant\varepsilon \tag{5-28}$$

$$\frac{1-u^*\overline{L}}{1-(1-p)u^*\overline{L}}=\int_0^\infty e^{-u^*s}f_S(s)ds \tag{5-29}$$

$$0<p<1 \tag{5-30}$$

$$\overline{L}>0 \tag{5-31}$$

式中，第三个和第四个约束条件[分别为公式(5-30)和公式(5-31)]是客观事实所必须，所以将在后面的工作描述中省略掉，接下来将会围绕延时中断概率与发送功率之间的问题进行研究，并解决 **P1**。

5.2.4 端到端延时与发送功率之间的关系

已知延时中断概率，接下来需要分析端到端延时与发送功率之间的关系。结合公式(5-27)、公式(5-29)和公式(5-28)能够看出 QoS 指数参数特殊值u^* 是联系延时中断概率和发送功率的纽带，所以可以将端到端延时与发送功率的问题转化为研究 u^* 与 P_{tx} 的问题。

用 $C[n]$表示第 n 个时隙系统的服务速率，在块衰落信道中，$C[n]$和 $S[n]$存在线性关系：

$$S[n]=T_SC[n] \tag{5-32}$$

根据香农定理，以及系统 CSI 在接收机处能够被完美地估计的假设，服务速率 $C[n]$能够表示为

$$C[n]=B_c\log_2\left(1+\frac{P_{tx}\gamma[n]}{L_pN_0B_c}\right) \tag{5-33}$$

式中，B_c是信道带宽，N_0是噪声功率，L_p是信道衰落增益，$\gamma[n]$是信噪比。假设信噪比的值 $\gamma[1],\gamma[2],\cdots$ 是独立同分布的随机变量，等同于随机变量 γ。把公式(5-32)和公式(5-33)代入公式(5-29)的右侧，公式(5-29)可以重新表示为

$$\frac{1-u^*\overline{L}}{1-(1-p)u^*\overline{L}}=\int_0^\infty e^{-u^*T_SB_c\log_2\left(1+\frac{P_x\gamma}{L_pN_0B_c}\right)}f_\gamma(\gamma)d\gamma \tag{5-34}$$

从公式(5-34)中可以看出，当不考虑其他因素的干扰时，u^* 的取值决定了P_{tx}的取值。于是，**P1** 可以简化为以下问题

P2：

$$\max\frac{\mu}{P_{tx}+P_c-(P_{tx}-P_{idle})u^*\overline{L}(1-p)}$$

并使得

$$\left(\frac{1-u^*\overline{L}}{1-u^*\overline{L}+pu^*\overline{L}}\right)^{\frac{D\max+1}{TS}}\leqslant\varepsilon \tag{5-35}$$

$$\frac{1-u^*\overline{L}}{1-(1-p)u^*\overline{L}}=\int_0^\infty \mathrm{e}^{-u^* TSB_c\log_2\left(1+\frac{P_x\gamma}{L_pN_0B_c}\right)}f_\gamma(\gamma)\mathrm{d}\gamma$$

5.3 Nakagami-*m* 信道下的功率控制解决方案

在上面已经分别讨论了端到端延时、系统能效与发送功率的关系，根据命题 5-1 的描述，能够很直观地看出，在不考虑其他限制条件时，提高能效最优的功率控制方案就是在保证系统稳定下尽可能令发送功率小，于是能效优先的功率控制问题 **P1** 和 **P2** 等同于最小化发送功率的问题，也就是：

$$\max\eta=\min P_{\mathrm{tx}} \tag{5-36}$$

接着考虑延时保障约束条件，发现以下推论。

推论 5-2 当约束条件公式(5-35)满足等式关系，也就是

$$\left(\frac{1-u^*\overline{L}}{1-u^*\overline{L}+pu^*\overline{L}}\right)^{\frac{D\max}{TS}+1}=\varepsilon \tag{5-37}$$

时，能够得到 **P2** 解决方案。

证明：该推论可以用反证法证明，如下：

假设(u_1,P_{tx1})是解决 **P2** 的合适值，并且由此得到最大的能效η_1，但是$((1-u_1\overline{L})/(1-u_1\overline{L}+pu_1\overline{L}))^{\frac{D\max TS}{TS}+1}<\varepsilon$。因为延时中断概率是$u^*$的减函数，所以存在 $0<u_2<u_1$ 满足$((1-u_2\overline{L})/(1-u_2\overline{L}+pu_2\overline{l}))^{\frac{d\max}{tS}+1}=\varepsilon$ 并且对应存在能效η_2。然而。因为能效 η 是u^*的减函数，所以$\eta_2>\eta_1$，这是与η_1是解决 **P2** 得到最大能效值相悖的，即(u_1,P_{tx1}) 并非解决 **P2** 的解，那么当且仅当取令公式(5-35)满足等式的u^* 时，才能得到 **P2** 的解决方案。

证毕。

根据推论 5-2，u^* 的最优解可以通过公式(5-37)获得：

$$\left(\frac{1-u^*\overline{L}}{1-u^*\overline{L}+pu^*\overline{L}}\right)^{\frac{D\max}{TS}+1}=\varepsilon\Leftrightarrow\frac{1-u^*\overline{L}}{1-u^*\overline{L}+pu^*\overline{L}}=\frac{1}{\beta}$$
$$\Leftrightarrow u^*=\frac{1}{\overline{L}}\frac{\beta-1}{p+\beta-1} \tag{5-38}$$

式中，$\beta=\varepsilon^{-\frac{T_S}{D\max+T_S}}$。将式(5-38)得到的$u^*$ 代入公式(5-35)中，根据公式(5-36)，功率控制问题 **P2** 最后可以描述为 **P3**：

P3：

$$\min P_{\mathrm{tx}} \tag{5-39}$$

并使得

$$\frac{1}{\beta}=\int_0^\infty\left(1+\frac{P_{\mathrm{tx}}\gamma}{L_pN_0B_c}\right)^{-\phi\frac{1}{\overline{L}}\frac{\beta-1}{p+\beta-1}}f_\gamma(\gamma)\mathrm{d}\gamma \tag{5-40}$$

式中，$\phi=\dfrac{T_S B_c}{\log(2)}$。本章通过以下的二分法查找算法找到符合公式(5-40)的P_{tx}，该值即 **P3** 最终功控解决结果。

在该二分法查找算法中，$\delta_e=\alpha^{(c)}-\alpha^{(b)}$是指有效带宽和有效容量的差值，$\delta_t$是该差值的精度限值，$P_s$和$P_u$分别代表了发送功率$P_{\mathrm{tx}}$的下限和上限值。能够用该二分法查找算法计算$P_{\mathrm{tx}}$，需要以下两点论断的支撑：

(1)P_{tx}必须处于某个取值范围内，如 $0<P_{\mathrm{tx}}<P_{\max}$；

(2)δ_e是一个单调减函数，因为在本章的通信系统中，有效带宽$\alpha^{(b)}$是一个常量，而有效容量$\alpha^{(c)}$是一个单调减函数。

基于以上两点论断，最后二分法查找算法的具体思路设计如表 5-1 所示。

表 5-1 计算发送功率P_{tx}二分法查找算法

INITIALIZE δ_t {如：$\delta_t=10^{-6}$}
$P_s=0$ {下限值}
$P_u=P_{\max}$ {基于第一点论断的上限值}
$P=(P_s+P_u)/2$ {发送功率P_{tx}的第一个猜想值}
$\delta_e=\alpha^{(c)}-\alpha^{(b)}$
WHILE $ _e >_t $
IF $\delta_t>0$
$P_S=P$
ELSE
$P_u=P$
END IF
$P=(P_s+P_u)/2$
$\delta_e=\alpha^{(c)}-\alpha^{(b)}$
END WHILE
$P_{\mathrm{tx}}=P$

5.4 仿真结果与分析

本节对第 5.1 节给出的端到端无线传输系统模型进行仿真设计，其中假设缓存器处于第 0 个时隙。根据文献[39]和文献[40]中参数的设置，本章设 m、γ、B_c和T_S分别为 2、10 dB、180 kHz 和 1 ms。考虑载波频率为 2 GHz 的宏小区环境的路径损耗[41]：

$$L_p=128.1+37.6\log_{10}(d) \tag{5-41}$$

式中，d 是发送机和接收机之间的距离。根据文献，P_c和p_{idle}分别被设置为 0.1 W(瓦特)和 0.03 W。其余所用到的参数列在表 5-2 中。

表 5-2　参数设置

参数	数值
时隙，T_S	1 ms
带宽，B_c	180 kHz
平均信噪比，$\overline{\gamma}$	10 dB
噪声功率，N_0	−174 dBm/Hz
信道衰落参数，m	2
距离，d	1 km
预置的发送功率最大值，$P_{\max}$	46 dBm 和 37 dBm
精确度，δ_t	10^{-6}

图 5-2、图 5-3 时所示为其他两种延时中断概率的估计方法结果，这两种方法分别是：

(1) 假设$p_{\mathrm{w}}=1$时

$$\Pr(D>t)\approx\left(\frac{1-u^{*}\overline{L}}{1-u^{*}\overline{L}+pu^{*}\overline{L}}\right)^{\frac{t}{T_S}} \tag{5-42}$$

(2) 假设p_{w}等价于数据平均到达速率和数据平均服务速率的比值$p_{\mathrm{ratio}}=\mu/E[C]$时

$$\Pr(D>t)\approx p_{\mathrm{ratio}}\left(\frac{1-u^{*}\overline{L}}{1-u^{*}\overline{L}+pu^{*}\overline{L}}\right)^{\frac{t}{T_S}} \tag{5-43}$$

如图 5-2、图 5-3 所示，第一种方法的估算结果高于仿真结果，也就是说该方法过高估计延时性能。与之相反，第二种方法的估算结果低于仿真结果，也就是说该方法过低估计延时性能，所以任何基于该方法的功控方案，所分配的发送功率都小于实际真正需要发送功率，最后导致延时中断，所以本章不讨论这种方法设计的功率分配方案。另外，从图中可以看出，本章提出的估算方法所得结果与仿真结果非常接近，几乎重合，这说明本章的延时中断概率估算方法具有高度的准确性，同时也极大地保证了所给的功率控制方案能够较为准确地提供端到端延时保障。

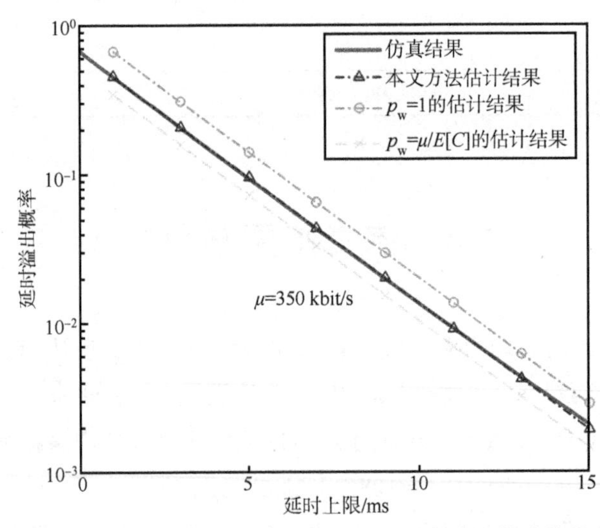

图 5-2　当 $\mu=350$ kbit/s 时 $P(D>t)$的仿真和估计结果

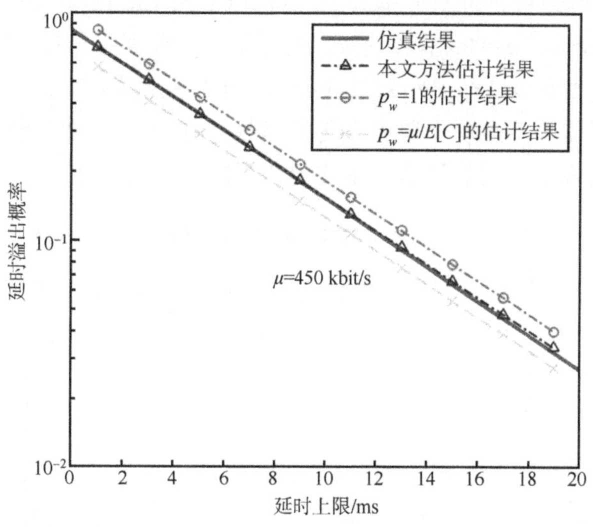

图 5-3 当 $\mu = 450$ kbit/s 时 $P(D>t)$的仿真和估计结果

图 5-4 所示为本章提出的功控方案与采用上述第一种估计方法的功控方案的对比结果。横坐标是延时上限可能取的值，纵坐标是对应的跨层能效。其他参数的设置如下：$\varepsilon=0.01$，$p=0.5$ 和$\overline{L}=1\ 488$ bit。从图中可以看出，本章提出的方案比另一种方案的结果更优，并且当延时上限$D_{\max}>2$ ms，本章提出的方案比另一种方案提高的值最高可达 38.34%。本章提出的方案更优的原因有：

(1) 本章的功控解决方案是建立在能够准确估计延时中断概率基础之上的，而采用上述第一种估计方法的会过多地分配发送功率；

(2) 如果$p_w=1$，那么公式(5-17)中的$u^*=0$，这使得公式(5-24)的能效为 $\eta=\mu/(P_{\text{tx}}+P_c)$，而根据第 2 章可知 $\eta=\mu/(P_{\text{tx}}+P_c)$是使用单模电路下的能效，这很显然会低于本章双模电路下的跨层能效。

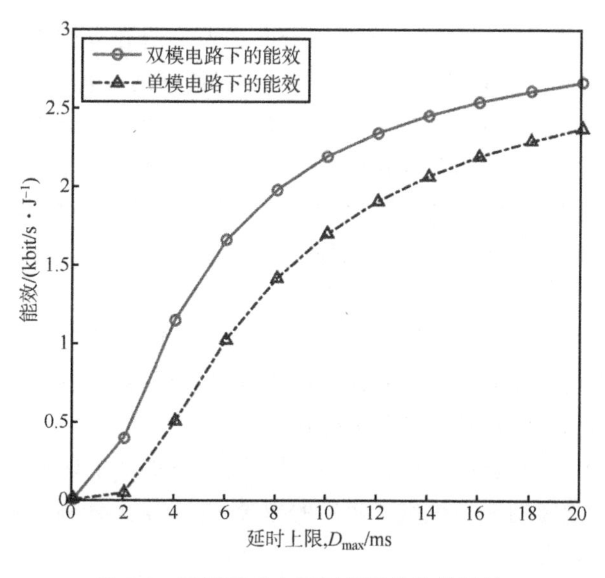

图 5-4 不同延时中断概率下优化的能效

图 5-5 所示为延时约束条件对分别为 10 ms，0.01 和 100 ms，0.01 下，系统能效随着数据到达速率（$\overline{L}=1\ 488$ bit，$p=0.1,0.2,\cdots,1$）变化情况。需要指出$\overline{L}=1\ 488$ bit 是文献[42]所提出的数据平均数据包长 186 Bytes×8 bit。从图中能看出，对于数据到达速率来说，该功控方案得到的跨层能效不是一个单调变化的函数，但更像一个单峰函数。换句话说，该功控方案下存在某个最合适的数据到达速率使得跨层能效达到最优。

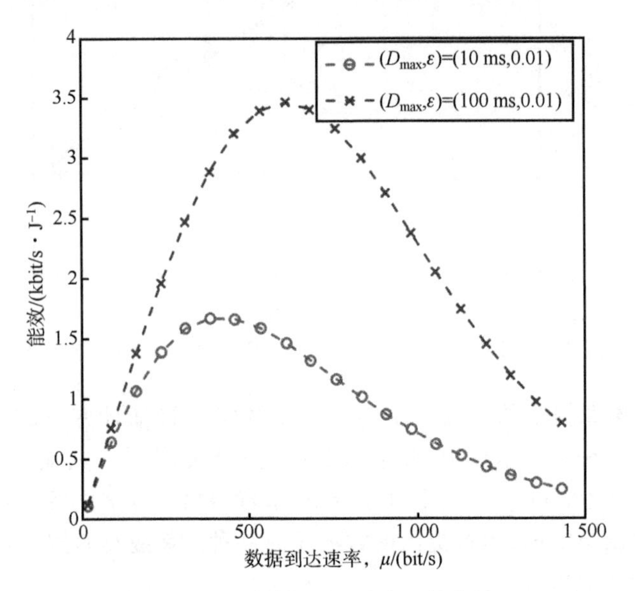

图 5-5 不同数据到达速率下的能效

5.5 本章小结

在本章节中，我们重点研究了服从负指数分布的业务流在点到点通信中的网络演算问题，以及在此基础上的跨层能效分析和优化。首先，我们利用有效带宽模型和有效容量理论对通信延时进行了详细分析，并计算了延时中断的概率，为保证服务质量提供了理论基础。

随后，本章节深入讨论了在时延保障的前提下，如何优化功率控制以提升能效。在双模电路环境下，我们构建了一个跨层能效分析模型，不仅分析了影响能效的各种因素，还明确了端到端延时保障的限制条件。此外，本章还探讨了端到端延时与发送功率之间的关系，提供了一个用于权衡延时和功率消耗的参考框架。

为了应对在 Nakagami-m 信道条件下的功率控制问题，本章提出了相应的解决方案，并通过仿真验证了所提出解决方案的有效性。仿真结果表明，通过我们的方法可以在保障延时的同时，有效提高能效，实现功率控制的优化。

综上所述，本章不仅为点到点通信中的延时敏感业务提供了理论支撑和优化策略，而且对于实现能效和性能之间的平衡提供了实用的指导，对未来无线通信网络的设计与优化具有重要的理论和实践意义。

第6章

业务流服从一般爱尔兰分布的点到点通信中的随机网络演算及其跨层能效分析和能效优化

在无线通信系统的数据包交换业务中，数据包流是由不同的服务请求形成的，所以其分布多不同于负指数分布。本章将在任意流量模型（接近于混合爱尔兰分布）下，使用有效带宽和有效容量的理论来权衡能量效率、数据速率、平均延时和流量统计。在此基础上，提出最优功率分配方案，在要求的平均延时范围内使能量效率最大化，并给出相应的仿真验证方案的准确性。

6.1 延时约束与功率控制的无线通信系统能量效率

6.1.1 延时约束

本章采用的延时约束与功率分配的无线通信系统模型如图 5-1 所示，并假设来自上层应用程序或移动端的数据由发射器经过衰落信道传输到接收数据池中。且假设这个过程有一个 QoS 要求，并定义为平均延时约束：

$$E[D(\infty)] \leqslant D_{\max} \tag{6-1}$$

定义：

（1）$A[n]$为时隙 n 时数据源产生的数据量（单位为 bit），而且RV $A[1],A[2],\cdots$为 IID 混合爱尔兰 RV 等同于 RVA；

（2）$Q[n]$为缓冲区数据包长度（单位为 bit）；

（3）$S[n]$为时隙 n 时发射器可传输的数据数据量（单位为 bit），而且 RV$S[1]$，$S[2]$，$\cdots$是来自任何固定分布的 IID 等同于 RVS。

这里需要说明随机数 A 的概率密度函数为

$$f(x;M,\lambda,p)=\sum_{i=1}^{M} p_i \frac{\lambda^i x^{i-1} \mathrm{e}^{-\lambda x}}{(i-1)!} \tag{6-2}$$

A 的分布是具有共同速率参数λ 和一组非负权重 $\boldsymbol{p}=\{p_1,p_2,\cdots,p_M\}$的 M 参数爱尔兰分布的有限混合，其中 $\sum_{i=1}^{M} p_i=1$ 且$p_M>0$，否则 $f(x;M,\boldsymbol{p})=f(x;M-1,\boldsymbol{p})$。平均业务速率 R（比特每秒）为

$$R=\frac{\sum_{i=1}^{M} i p_i}{T_S\lambda} \tag{6-3}$$

时隙 n 的信道容量C 由无线衰落信道的信噪比值$\gamma[n]$决定：

$$C\approx B\log_2(1+\overline{\gamma}\gamma)=B\log_2\left(1+\frac{P\gamma}{L_p N_0 B}\right) \tag{6-4}$$

则服务变量 $S=\mathrm{C}T_S$。

6.1.2 有效能量效率

延时约束下的有效能量效率由平均到达速率与发射器总消耗能量的比值定义[43]在时隙 n 中发射器总消耗能量定义为

$$P_{\mathrm{tot}}[n]=P_c[n]+P[n]$$

式中，$P_c[n]$为电路恒定消耗能量，用P_c表示；$P[n]$为通过功率放大器后发射器消耗的能量，用 P 表示。由于图 5-1 所示的模型根据 CSI 和延时约束，在每个数据包传输到接收器之前调整传输功率，所以延时约束下的有效能量效率 η 表示：

$$\eta(P;M,p)=\frac{R}{P_c+P} \tag{6-5}$$

6.2 延时保障下能效优先的功率控制问题

为了给系统提供延时保障，发射器会通过接收机反馈的信道信息与目标最大延时$D_{\max}$来确定传输功率。结合前两章对平均延时的分析，假设图 5-1 所示的模型中数据包到达排队缓冲区经历延时，但是缓冲区容量没有限制且传输功率没有限制，在满足系统不会崩溃的前提下关于功率分配的能量效率优化问题可以表述为

P4：

$$\begin{aligned} &\max_{P\geqslant 0}\eta(P;M,\boldsymbol{p}) \\ \text{并使得}\quad &E[D(\infty)]-D_{\max}\leqslant 0 \\ &E[A]-E[S]\leqslant 0 \end{aligned} \tag{6-6}$$

式中，$E[D(\infty)]$为系统稳态时的平均延时，公式(6-6)的含义是到达的平均数据包长不大于服务的平均数据包长，当 $E[A]>E[S]$时，缓冲区排队数据包将无限增大，此时平均延时也将无穷大。所以仅当满足公式(6-6)的前提下，系统不会崩溃。

基于 Little's 定理，$E[D(\infty)]=E[Q(\infty)]/R$，其中 $E[Q(\infty)]$为系统稳态时的平均队列长度，R 是平均到达速率。由于满足系统正常运行是最基本的条件，且 M 和 $\boldsymbol{p}$ 已被确定，

所以平均队列长度 $E[Q]$ 取决于发射功率 P，且是发射功率 $S(P)$ 的函数 $S(P;M,p)=E[Q]$。**P4** 可以等价为优化问题 **P5**：

P5：

$$\max_{P_t\geqslant 0}\eta(P;M,\boldsymbol{p}) \tag{6-7}$$

$$\text{并使得}\quad S(P;M,p)\leqslant RD_{\max} \tag{6-8}$$

最优问题 **P5** 是一个严格的凸优化问题。这是因为：①$\eta(P;M,\boldsymbol{p})$是一个凸函数；②因为 $S(P;M,\boldsymbol{p})$是一个单调递减函数所以由公式(6-8)定义的可行集是一个凸集。因此，**P2** 具有唯一的最优解。此外，针对 KKT(Karush-Kuhn-Tucker)条件，定义 $S(P^*;M,\boldsymbol{p})=RD_{\max}$是最优解。关于平均队列长度 $E[D]$与$P^*(M,\boldsymbol{p})$的具体求解方式在下节介绍。

首先求解平均延时。由于 A 服从混合爱尔兰分布且概率密度如公式(6-2)所示，根据第3.3节的有效容量与有效带宽模型，此问题的有效带宽为

$$\alpha^{(b)}(u;M,\boldsymbol{p})=\frac{1}{T_S u}\ln\left(\sum_{i=1}^{M}p_i\left(\frac{\lambda}{\lambda-u}\right)^i\right) \tag{6-9}$$

有效容量为

$$\begin{aligned}\alpha^{(c)}(u;P)&=\frac{-1}{T_S u}\ln\int_0^\infty \mathrm{e}^{-uT_S B\log_2\left(1+\frac{Px}{L_p N_0 B}\right)}f_\gamma(x)\mathrm{d}x\\&=\frac{-1}{T_S u}\ln\int_0^\infty\left(1+\frac{Px}{L_p N_0 B}\right)^{-\frac{uT_S B}{\ln 2}}f_\gamma(x)\mathrm{d}x\end{aligned} \tag{6-10}$$

式中，u 为 QoS 指数。

命题 6-1 如果数据包包长服从混合爱尔兰分布，则该系统存在 M 个 QoS 指数且满足式(6-11)

$$\alpha^{(b)}(u_i;M,\boldsymbol{p})=\alpha^{(c)}(u_i;P),\forall i\in 1,2,\cdots \tag{6-11}$$

M 队列长度分布为 $\mathrm{Prob}(Q>b)=\sum_{i=1}^{M}k_i\exp(-u_i b)$ 平均延时为 $E[D]=\frac{1}{R}\sum_{i=1}^{M}\frac{k_i}{u_i}=\frac{S(P;M,\boldsymbol{p})}{R}$。

命题 6-1 的证明如下：

证明：首先化简公式(6-11)

$$\alpha^{(b)}(u;M)=\alpha^{(c)}(u;P_t) \tag{6-12}$$

$$\Leftrightarrow\frac{1}{T_S u}\ln\left(\sum_{i=1}^{M}p_i\left(\frac{\lambda}{\lambda-u}\right)^i\right)=\frac{-1}{T_S u}\ln\int_0^\infty(1+x)^{\frac{-uT_S B}{\ln 2}}f_\gamma(x;P_t)\mathrm{d}x \tag{6-13}$$

$$\Leftrightarrow\left(\sum_{i=1}^{M}p_i\left(\frac{\lambda}{\lambda-u}\right)^i\right)\int_0^\infty(1+x)^{\frac{-uT_S B}{\ln 2}}f_\gamma(x;P)\mathrm{d}x=1$$

$$\Leftrightarrow\sum_{i=1}^{M}p_i\left(\frac{\lambda-u}{\lambda}\right)^{M-i}\int_0^\infty(1+x)^{\frac{-uT_S B}{\ln 2}}f_\gamma(x;P)\mathrm{d}x=\left(\frac{\lambda-u}{\lambda}\right)^M \tag{6-14}$$

令 z 和c_i分别代替$\left(\frac{\lambda-u}{\lambda}\right)$和 $p_i\int_0^\infty(1+x)^{\frac{-uT_S B}{\ln 2}}f_\gamma(x;P)\mathrm{d}x$，公式(6-14)可表示为

$$p(z)=\sum_{i=1}^{M}c_i z^{M-i}-z^M=0 \tag{6-15}$$

$p(z)$可以写成 $f(z)=-z^M$和 $g(z)=\sum_{i=1}^{M}c_i z^{M-i}$ 两个函数的组合。基于 Rouché's 定

理可知，$p(z)=f(z)+h(z)$与$f(z)$有相同数量的零点。由于$f(z)=-z^M$存在M个零点，所以$p(z)$也存在M个零点。

Shortle 等人[33]列出了队列长度Q的互补累计分布函数：

$$\mathrm{Prob}(Q>b)=\sum_{i=1}^{M}k_i\exp(-u_i b) \tag{6-16}$$

所以平均队列长度：

$$S(P;M,p)=E[Q]=\int_0^{\infty}\mathrm{Prob}(Q>b)\mathrm{d}b=\sum_{i=1}^{M}\frac{k_i}{u_i} \tag{6-17}$$

然后通过维纳霍普夫与边缘概率矩阵方法求得k_i，即将公式(3-48)代入公式(6-17)得：

$$E[Q]=\int_0^{\infty}\mathbf{CD}^{-1}\exp(-\boldsymbol{U}b)\mathrm{d}b=\boldsymbol{C}(\mathbf{DU})^{-1} \tag{6-18}$$

因此，平均延时可以表述为

$$E[D]=\frac{E[Q]}{R}=\frac{\boldsymbol{C}(\mathbf{DU})^{-1}}{R}=\frac{S(P;M,\boldsymbol{p})}{R} \tag{6-19}$$

证毕。

需要注意的是 QoS 指数u_i可以是实数，也可以是复数，并可根据第 2 章的连续迭代法求得。只要表达式$S(P;M,\boldsymbol{p})$是已知的，即可通过二分法等数值求解方式求得公式(6-8)的解$P^*(M,\boldsymbol{p})$，同时最优能量效率$\eta^*(M,p)$是$R/(P_c+P^*(M,p))$。

推论 6-2 在$M=1$和$p_1=1$的特殊情况下，最优解$P^*(1,1)$满足如公式(6-20)：

$$\int_0^{\infty}\left(1+\frac{Px}{L_p N_0 B}\right)^{-\frac{\lambda T_S B}{(\ln 2)(1+D_{\max})}}f_\gamma(x)\mathrm{d}x=\frac{1}{1+D_{\max}}+1 \tag{6-20}$$

证明：根据命题 6-1 可知当$M=1,p_1=1$时，系统存在一个 QoS 指数u。Chen 等人[19]证明了该情况下延时分布为

$$\Pr(D>t)\approx(1-RT_S u^*)^t, t\in N_0 \tag{6-21}$$

N_0表示为包含零的自然数集合，因此平均延时为

$$E[D]=\frac{1-u^*\mathrm{RT_S}}{u^*\mathrm{RT_S}} \tag{6-22}$$

用目标延时约束$D_{\max}$代替$E[D]$，根据公式(6-3)可得

$$u^{\dagger}=\frac{1}{\mathrm{RT_S}(1+D_{\max})}=\frac{\lambda}{1+D_{\max}} \tag{6-23}$$

进一步将公式(6-11)中的u^*替代为$u^{\dagger}$得

$$\begin{aligned}
&\alpha^{(b)}(u^{\dagger};1,1)=\alpha^{(c)}(u^{\dagger};P^*)\\
&\Leftrightarrow\frac{1}{T_S u^{\dagger}}\ln\left(\frac{\lambda}{\lambda-u^{\dagger}}\right)=\frac{-1}{T_S u^{\dagger}}\ln\int_0^{\infty}\left(1+\frac{Px}{L_p N_0 B}\right)^{-\frac{u^{\dagger}T_S B}{\ln 2}}f_\gamma(x)\mathrm{d}x\\
&\Leftrightarrow\lambda\left(\int_0^{\infty}\left(1+\frac{Px}{L_p N_0 B}\right)^{-\frac{u^{\dagger}T_S B}{\ln 2}}f_\gamma(x)\mathrm{d}x-1\right)=u^{\dagger}\overset{\text{b/c of (31)}}{\Leftrightarrow}\\
&\lambda\left(\int_0^{\infty}\left(1+\frac{Px}{L_p N_0 B}\right)^{-\frac{\lambda T_S B}{(\ln 2)(1+D_{\max})}}f_\gamma(x)\mathrm{d}x-1\right)=\frac{\lambda}{1+D_{\max}}\\
&\Leftrightarrow\int_0^{\infty}\left(1+\frac{Px}{L_p N_0 B}\right)^{-\frac{\lambda T_S B}{(\ln 2)(1+D_{\max})}}f_\gamma(x)\mathrm{d}x=\frac{1}{1+D_{\max}}+1
\end{aligned} \tag{6-24}$$

证毕。

最后，如果$D_{\max}$趋于无穷大，则表示系统对延时没有限制，$P^*(M,p)$对应于$R=E[C]=B\int_0^\infty \log_2(1+Px/L_p N_0 B)f_\gamma(x;P)\mathrm{d}x$ 的解。此外，当$D_{\max}\to\infty$时的能量效率是$\eta^*(M,\boldsymbol{p})$的上限，记为η^{upp}。$\eta^{\mathrm{upp}}(R)$作为数据速率的函数已被证明具有唯一的全局最大值[44]。

6.3 仿真结果与分析

本章采用图 5-1 延时约束下的系统模型，通过 MATLAB 进行仿真分析，以验证延时约束与所提的功率分配策略下的最优能量效率。无线通信系统的衰落信道仍选择 Nakagami-m 衰落信道。路径损耗L_p基于 3GPP 模型，载波频率f_c在 1 400 MHz～2 600 MHz 之间[17]：

$$L_p=128.1+37.6\log_{10}(d)+21\log_{10}\left(\frac{f_c}{2}\right) \tag{6-25}$$

其次假设数据大小遵循三个不同的混合 erlang 分布函数：①$M=1$ 和 $p=1$；②$M=3$ 和 $p=1/3,1/3,1/3$；3)$M=5$ 和 $p=1/5,1/5,1/5,1/5,1/5$。此外，每次模拟运行的时间为 2 000 s，因此每次运行生成了 200 万个队列长度样本。其余仿真参数参照 Younes 等人[45]设置，如表 6-1 所示。

表 6-1 参数设置

参数	值
信道模型	Nakagami-m 分布
时隙间隔时间T_S	1 ms
信道衰落参数 m	0.5,1,2
子载波带宽B_c	10 MHz
发射器与接收机的距离 d	2 km
电路恒定消耗能量P_c	0.1 W
噪声功率谱密度N_0	−174 dBm/Hz
载波频率f_c	2 000 MHz
仿真样本数 n	2 000 000

本节是对仿真结果的展示。首先验证本节提出的平均延时计算方法，给出不同传输功率对应的平均延时，为能量效率优化问题提供准确的延时约束和功率分配。其次验证延时约束下的最优能量效率，并基于第 6.2 节的能量效率优化方案，找到信道衰落参数 m 和平均到达速率对能量效率的影响。

由于在无线通信系统中，在时隙 n 的队列长度$Q[n]$定义为$A[n]-S[n]$，$A[n]$为时隙 n 到达的总包长，$S[n]$为时隙 n 被服务的总包长，所以时隙 n 的延时：

$$D[n]=\inf\tau\geqslant 0:A[n]\leqslant S[n+\tau] \tag{6-26}$$

根据第 3.5.1 节对队列长度概率分布函数的精确估计，可说明公式(6-19)可以准确地近似平均延时。仿真结果中的模拟值是通过蒙特卡洛仿真，基于公式(6-26)采用 200 万个到达数据包样本得到，到达数据包包长均服从爱尔兰分布。然后将蒙特卡洛结果与本章提出的能效最优方法对比，进一步验证第 3.5 节的准确性。

图 6-1 所示为不同信道参数 m 与发射功率 P 对平均延时的影响，其中横轴为传输功率 P，纵轴为排队平均延时，仿真设置到达数据包长服从爱尔兰分布且 $M=3$，此时系统存在多根。在信道参数 m 不同的情况下，随着传输功率 P 的增大，平均延时会减少，与理论分析相符。而蒙特卡洛结果与本章提出的平均延时计算方法结果拟合，验证了第 3.5 节提出的多根条件下平均延时计算方法的准确性。

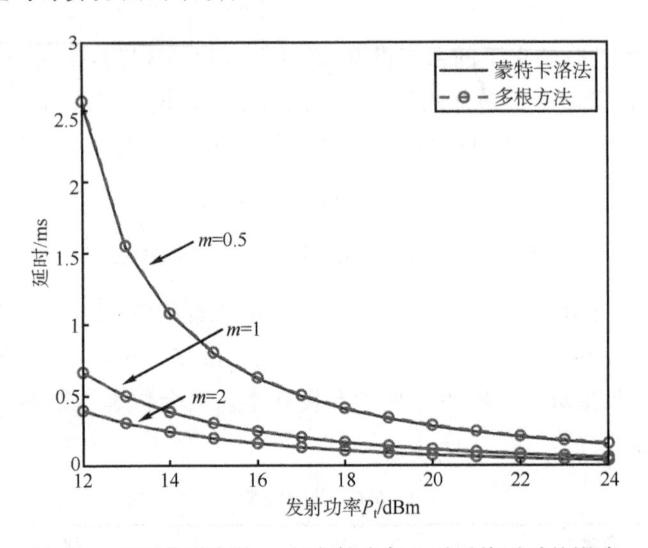

图 6-1　不同信道参数 m 与发射功率 P 对平均延时的影响

图 6-2 所示为延时约束下的最优的能量效率，其中横轴为延时约束(0～3 ms)，纵轴为能量效率，仿真设置到达数据包长服从爱尔兰分布且信道参数 $m=2$。该结果对比了不同状态数 M 下的最优能效，可以看到随着 M 增大，在相同延时约束下能效会更大。其次，在

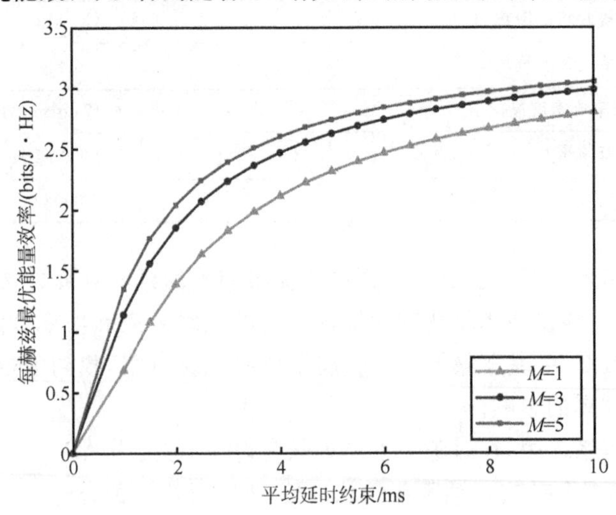

图 6-2　延时约束下的最优能量效率

延时小于 6 ms 时，曲线斜率较大，说明延时约束对能效的影响较大；在延时大于 6 ms 时，曲线趋近平缓，而能效也将达到一个最大值。以上结果可以为以后进一步研究延时与能效平衡问题提供支持。

图 6-3 所示为数据包到达速率与最优能量效率的关系，其中横轴为数据包平均到达速率，纵轴为能量效率，仿真设置目标平均延时$D_{\max}=2$ ms。该结果对比了信道参数 $m=0.5$，1，2，表明能量效率是关于系统平均到达速率的单峰函数。当 $M=1,3,5$ 时的最大能量效率(单位为 bits/J・Hz)及其对应的数据速率(单位为 bit/s・Hz)分别为 9.361，1.837，9.937，1.951 和 10.146，1.992，而能效上限曲线的最大能量效率及其对应的数据速率为 11.7038，2.300。由此可见增大 M 可以改善系统的能量效率，但改善幅度不大。因此，通过权衡 M 和数据包到达速率来提高端到端通信的能量效率。

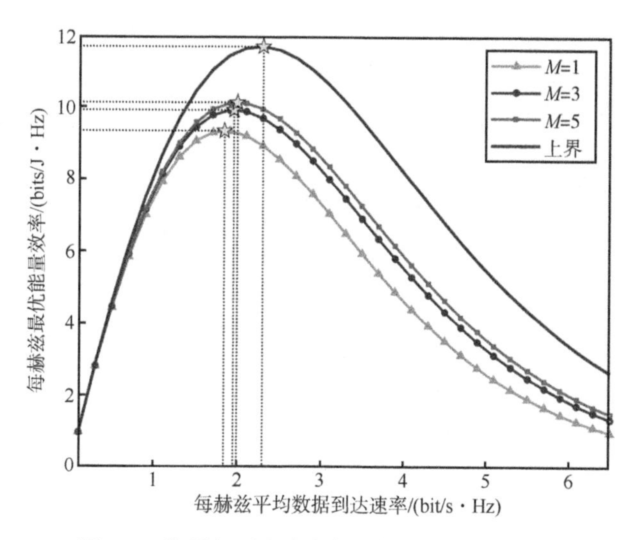

图 6-3 数据包到达速率与最优能量效率的关系

6.4 本章小结

在这一章节中，我们系统性地研究了在一般爱尔兰分布到达下的点到点通信系统中网络演算的理论及其在跨层能效分析和能效优化中的应用。

首先，本章介绍了基于有效带宽和有效容量理论的延时分析。在此基础上，计算了延时中断概率，这是评估网络服务质量(QoS)的重要指标。进而，针对延时保障的需求，探讨了能效优先的功率控制问题，提出了在双模电路环境下的跨层能效分析模型，深入分析了影响跨层能效的因素，并建立了端到端延时保障的限制条件，揭示了端到端延时与发送功率之间的密切关系。

随后，章节针对 Nakagami-m 信道提出了功率控制的解决方案，并通过仿真结果与分析，验证了所提出方案在实际应用中的有效性和可行性。

此外，章节还扩展研究到了一般爱尔兰分布到达模式下，探讨了不同业务流模型下的网络演算问题，并进一步研究了在延时约束条件下的功率控制对无线通信系统能量效率的影响，提出了有效能量效率的概念，并针对这一问题展开了仿真实验与分析。

总结而言，本章不仅在理论上提出了适用于不同信道和业务流到达模式的网络演算和跨层能效分析模型，而且通过实际仿真实验展示了所提出模型和功率控制方案在提升能效及保证通信系统延时性能方面的有效性。这些研究成果对于设计和优化未来的无线通信系统具有重要的理论价值和实践指导意义。

第7章 非正交多址接入技术中的跨层能效分析和能效优化

随着物联网设备的飞速发展，通过移动通信网络承载 IoT 应用成为必然的趋势，大规模机器类通信也成为 5G 三大应用场景之一获得了广泛的研究。这大量的物联网设备通常配备容量有限的电池，因此能源效率是这些设备通信的重要指标之一，而功率控制则是提高系统能源效率的有效方案。另外，这些机器类设备支持多种业务类型，例如智能电网、远程医疗、无线传感器等等，这些业务有着不同的 QoS 需求。因此如何在保障系统 QoS 需求下对终端进行功率控制是亟须研究的问题。

根据 3GPP 协议，IoT 设备上行通信将采用非正交多址接入技术来支持大规模的设备连接。非正交多址接入（Non-orthogonal Multiple Access，NOMA）是一种功率域复用技术，允许用户在同一时频资源上进行数据传输[46]其本质是在发送端加入干扰信息，不同用户使用不同的功率域发送信号，在接收端采用串行干扰删除（Successive Interference Cancelation，SIC）技术进行解调。通过考虑链路层 QoS 需求，已有文献对 NOMA 系统下功率控制进行了研究。文献[47]和文献[48]考虑了最小速率限制下为 NOMA 系统下的功率分配方案。在考虑 NOMA 系统中的延时 QoS 需求时，文献[49]用有效容量模型来分析在统计延时 QoS 保证下的双用户下行链路 NOMA 网络的性能。本章将进一步探讨非连续发射机制下，基于 NOMA 系统有延时约束的功率分配方案。

7.1 非正交多址接入技术

无线通信系统中，多址接入技术是实现多个用户同时进行通信的必要方式。传统的通信系统中主要采用正交多址接入（Orthogonal Multiple Access，OMA），即不同的用户使用相互独立或者彼此正交的资源上进行数据传输，例如：时域、频域、码域等正交的资源。在 2G 时代，GSM 主要采用时分多址（Time Division Multiple Access，TDMA）的接入方式，不同的用户分配不同的时隙，峰值速率不超过 200 kbit/s；3G 时代主要采用码分多址（Code Division Multiple Access，CDMA）的接入方式，根据正交的伪随机码来区分不同的用户。为了进一步提高频谱利用率，4G 通信系统采用了正交频分多址（Orthogonal Frequency Division Multiple Access，OFDMA)的接入方式，不同的用户使用相互正交的子载波进行数据传输。由于正交多址接入方式中一个正交资源只允许分配一个用户，这严重限制了小区的吞吐量和连接数。面对5G时代海量接入和高容量需求，非正交多址接入技术被认为是5G支持大规模机器类通信的关键技术[46]。

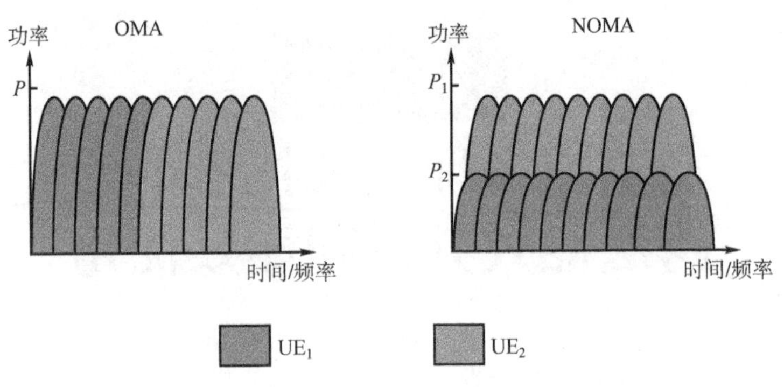

图 7-1　OMA 与功率域 NOMA 资源占用对比

功率域 NOMA 的基本思想是在功率域对相同的时频资源进行复用。基站为采用 NOMA 接入的用户分配不同的发射功率，依靠功率的不同来区分用户。时频资源的相同会导致 NOMA 用户信号相互干扰，为了解决这一问题，需要在接收端采用串行干扰删除技术进行多用户检测。串行干扰删除技术的基本思想是逐级解调功率最大的用户信号，在接收信号中对多个用户逐个进行判决，进行幅度恢复后，将该用户信号产生的干扰从接收信号中减去，再次解调剩余的用户信号，如此循环操作，直到把所有用户的信号解调出来。

虽然 NOMA 接收机比较复杂，但采用 NOMA 技术可以获得更高的频谱效率和吞吐量，而且可以成倍提升设备接入量。在5G某些场景下，例如上行密集场景、广覆盖多节点接入场景等等，相比于传统的正交多址接入方式，非正交多址接入方式具有显著的性能优势，是5G网络的一个重要的候选技术，受到学术界和产业界的重视。

7.2　系统与用户模型

7.2.1　系统模型

本节主要建立 NOMA 系统下非连续传输模型。如图 7-2 所示，本章考虑一个上行 NOMA 无线通信系统，一个 NOMA 基站服务 K 个 MTC 设备。这些 MTC 设备采用 NOMA 技术进行接入，使用相同的时频资源，但是在不同功率域进行上行数据传输。那么，基站侧接收到的信号 y 可以表示为

$$y=\sum_{k=1}^{K}\sqrt{P_{k}^{\mathrm{tx}}}h_{k}s_{k}+n \tag{7-1}$$

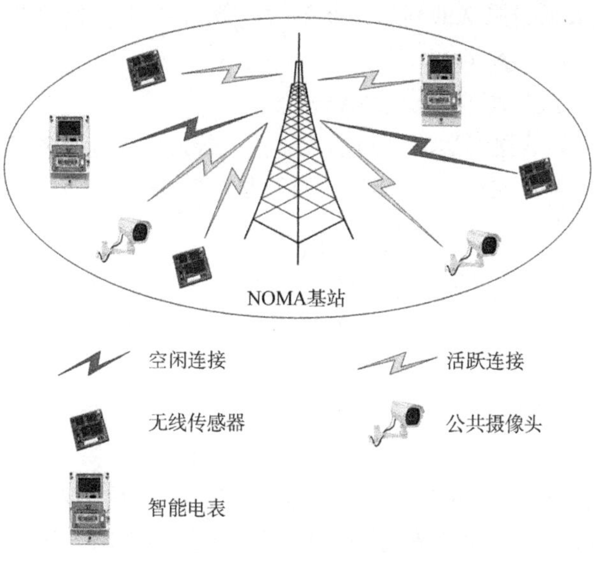

图 7-2 NOMA 系统模型

基站侧采用 SIC 技术消除用户间干扰。SIC 解调顺序根据基站于用户间的信道增益。信道增益最大的用户信号在基站接收到的信号中最强，最先被基站解调，然后基站会从接收到的信号中删除最强的用户信号，继续解调第二强的用户信号。为了方便分析，设所有用户的信道增益为降序，即 $|h_1|^2 \geqslant |h_2|^2 \geqslant \cdots \geqslant |h_K|^2$。则要解调第 k 个用户的信号必须先解调出第 $i(i<k)$ 个用户的信号，然后按照 $i=1,2,\cdots,k-1$；对于第 $i(i>k)$ 个用户信号，在 SIC 解调时被认为是噪声。

因此，第 k 个用户的信号与干扰噪声比(Signal-toInterference-plus-Noise Ratio，SINR)γ_k 为

$$\gamma_k = \frac{S_k}{I_k + \sigma^2} = \frac{P_k^{\text{tx}} \, |h_k|^2}{\sum_{i=k+1}^{K} |h_i|^2 P_k^{tx} + \sigma^2} \tag{7-2}$$

式中，S_k 表示基站接收到第 k 个用户信号的功率，I_k 表示第 k 个用户受到的干扰信号的功率。特别地，第 K 个用户的 SINR 为

$$\gamma_K = \frac{P_K^{\text{tx}} |h_K|^2}{\sigma^2} \tag{7-3}$$

我们假设终端可以获取信道增益信息，并通过信道状态信息(Channel State Information，CSI)上报给基站。根据香农定理，第 k 个用户传送速率的上限为

$$C_k = B \log_2(1+\gamma_k) \tag{7-4}$$

式中，B 表示所有 MTC 设备共用的带宽。

7.2.2 用户模型

我们假设所有 NOMA 接入的 MTC 设备都具备一个容量无限的缓存器，信源端发出数据包并且把它们传送到发送机的缓存器中。本章根据文献[31]，对数据包到达过程做出如下假设：

(1) 第 k 个用户数据包服从的到达为参数为p_k的伯努利过程(有数据到达的概率为p_k，没有数据到达的概率为 $1-p_k$)；

(2) 数据包的包长服从均值为$\overline{L}$的指数分布。

根据以上假设,可知数据到达流 $A[1],A[2],\cdots$是独立同分布的随机变量,等同于一个随机变量 A,并且该业务流变量 A 的概率分布函数$f_A(a)$是

$$f_{A_k}(a)=\begin{cases}p_k\dfrac{1}{\overline{L}}\exp\left(-\dfrac{1}{\overline{L}}a\right), & a>0\\ 1-p_k, & a=0\end{cases} \tag{7-5}$$

则用户 k 数据的平均到达率μ_k为

$$\mu_k=\frac{p_k\overline{L}}{T_S} \tag{7-6}$$

由于时变无线信道中的服务速率时刻波动,用$S_k[n]$表示第 k 个用户在第 n 个时隙瞬时能传输的数据量,假设服务业务流$S_k[1],S_k[2],\cdots$是独立同分布的随机变量,等同于一个随机变量S_k,则S_k为

$$S_k=T_SC_k=T_SB\log_2(1+\gamma_k) \tag{7-7}$$

为了保证用户的 QoS 要求,将有效带宽和有效容量分别定义为给定 QoS 参数 u 下最小恒定服务速率与最大恒定到达速率[14]基于有效带宽模型和有效容量模型,第 k 个用户到达速率和服务速率可以用有效带宽$\alpha_k^{(b)}(u_k)$和有效容量$\alpha_k^{(c)}(u_k)$来描述:

$$\begin{aligned}\alpha_k^{(b)}(u_k)&=\frac{\log E(e^{u_kA_k})}{u_kT_S}=\frac{1}{u_kT_S}\log\left(\frac{p_k}{1-u_kL}+1-p_k\right)\\ \alpha_k^{(c)}(u_k)&=-\frac{\log E(e^{-u_kS_k})}{uT_S}=-\frac{\log E(e^{-u_kT_SB\log_2(1+\gamma_k)})}{u_kT_S}\end{aligned} \tag{7-8}$$

式中,u_k是第 k 个用户的 QoS 参数。如果 Gartner-Ellis 定理的假设成立,并且有唯一的 QoS 参数$u_k^*>0$ 使得

$$\alpha_k^{(b)}(u_k^*)=\alpha_k^{(c)}(u_k^*) \tag{7-9}$$

则缓存器队长的互补累积函数为[14]

$$\Pr(Q_k>B)\approx p_k^b e^{-u_k^*B} \tag{7-10}$$

式中,p_k^b是用户 k 的缓存器非空概率。QoS 参数u_k^*在保障用户的服务质量中起着至关重要的作用。u_k^*的值越小,说明系统的服务质量越差,反之u_k^*的值越大,则系统的服务质量越好。当到达过程A_k服从负指数分布其包长的均值为$\overline{L}$时,用户 k 的缓存器非空的概率可以从文献[31]得到

$$p_k^b=1-u_k^*L \tag{7-11}$$

用P_k^c表示终端k 消耗的电路功率,用p_k^{tx}表示终端k 处于传输状态的概率。则终端k 消耗的总功率P_k为

$$P_k=P_k^c+p_k^{\mathrm{tx}}P_k^{\mathrm{tx}} \tag{7-12}$$

终端处于传输模式的概率等于流量从上层到达或缓冲区存储为非空的概率。用事件 A 表示数据包到达,事件 B 缓冲区非空,因为两个事件是相互独立,则p_k^{tx}可以表示为

$$p_k^{\mathrm{tx}}=P(A)+\Pr(B)-P(AB)=p_k+p_b^k-p_b^kp_k \tag{7-13}$$

7.3 非连续发送下有效容量分析

7.3.1 双用户 NOMA 有效容量分析

首先考虑双用户 NOMA 系统，即两个用户复用相同的资源元素。双用户 NOMA 已经在大量文献中研究，通常称之为配对 NOMA(Paired NOMA)[50]。

场景一：在开启非连续发射机制的双用户 NOMA 中，如果用户二处于空闲模式，则用户一的 SINR 的概率密度分布为

$$f_1(x)=\frac{\sigma^2}{P_1^{tx}}\mathrm{e}^{-\frac{\sigma^2}{P_1^{tx}}} \tag{7-14}$$

场景二：在开启非连续发射机制的双用户 NOMA 中，如果用户二处于传输模式，则用户一的 SINR 的概率密度分布[17]为

$$f_2(x)=\left(\frac{\sigma^2}{P_1^{tx}+P_2^{tx}}+\frac{P_2^{tx}P_1^{tx}}{(P_1^{tx}+P_2^{tx}x)^2}\right)\mathrm{e}^{-\frac{\sigma^2 x}{P_1^{tx}}} \tag{7-15}$$

因此，用户一的有效容量为

$$\begin{aligned}\alpha_1^{(c)}(u_1)&=-\frac{1}{u_1T_S}\log(E(\mathrm{e}^{-u_1S_1}))\\&=-\frac{1}{u_1T_S}\log\left((1-p_2^{tx})\int_0^{+\infty}\mathrm{e}^{-u_1T_SB\log_2(1+x)}f_1(x)\mathrm{d}x+\right.\\&\qquad\left.p_2^{tx}\int_0^{+\infty}\mathrm{e}^{-u_1T_SB\log_2(1+x)}f_2(x)\mathrm{d}x\right)\end{aligned} \tag{7-16}$$

因为双用户 NOMA 中，用户二只受到噪声的干扰，因此用户二的有效容量为

$$\begin{aligned}\alpha_2^{(c)}(u_2)&=-\frac{1}{u_2T_S}\log(E(\mathrm{e}^{-u_2S_2}))\\&=-\frac{1}{u_2T_S}\log\left(\mathrm{e}^{-u_2T_SB\log_2(1+x)}\frac{\sigma^2}{P_2^{tx}}\mathrm{e}^{-\frac{\sigma^2}{P_2^{tx}}}\mathrm{d}x\right)\end{aligned} \tag{7-17}$$

7.3.2 多用户 NOMA 有效容量分析

多用户 NOMA 中，用户 k 的有效容量要依赖于 SINR 的概率密度分布，当用户数大于 3 时，很难计算出闭式表达式。Gu 等人在文献[17]全干扰场景下推导出一种简单的方法降低有效容量的计算复杂度。但是在一个 K 用户 NOMA 场景中，由于串行干扰删除机制，只有用户一的信号受到其他 $K-1$ 个用户信号的干扰，而第 k 个用户的信号受到 $i(i>k)$ 用户信号的干扰。基于以上分析结合 Gu 在文献[17]的工作，多用户 NOMA 下，用户 k 的有效容量 $\alpha_k^{(c)}(u_k)$ 为

$$\alpha_k^{(c)}(u_k)=-\frac{1}{u_kT_S}\log\left\{1-\int_0^1\mathrm{e}^{-s}\prod_{i\in N,i>k}p_i^{tx}\frac{\sigma^2}{\sigma^2+sP_i}\mathrm{d}t\right\} \tag{7-18}$$

式中，N 为 K 个用户中处于传输模式的用户集合，并且

$$S=\frac{\sigma^2\left(2^{-\frac{1}{u_k BT_S}\ln\varepsilon}-1\right)}{P_i^{tx}} \tag{7-19}$$

7.4 延时保障下能效优先的功控方案

7.4.1 延时保障下的功控问题

接下来我们考虑系统的 QoS 需求，而延时是衡量系统 QoS 非常重要的指标。对于大量 MTC 设备，这些设备通常有着不同的数据业务类型，因此对延时的要求也不同。由于无线信道的时变性，无法保障通信系统每个时刻都能满足延时预算D_{max}。因此，衡量系统延时常用的方法是定义延时约束对$\{D_{max},\varepsilon\}$，其中 ε 为系统的延时 D 超过最大延时上限D_{max}的概率不能超过的上限值。当系统不能保证以下不等式

$$P(D>D_{max})\leqslant\varepsilon \tag{7-20}$$

时，系统处于延时中断状态。

在 K 个 MTC 用户的 NOMA 系统中，用户 k 总的延时D_k包含排队延时D_k^q与发送延时，我们假设发送延时等于T_S，则

$$D_k=D_k^q+T_S \tag{7-21}$$

为了衡量系统的能源效率，我们使用每比特消耗的能量作为单位，定义为系统的有效容量与总功耗的比率。则 NOMA 系统的能源效率 η 为

$$\eta=\frac{\sum_{k=1}^{K}\alpha_k^{(c)}(u_k)}{\sum_{k=1}^{K}P_k} \tag{7-22}$$

令$\boldsymbol{P}^{tx}=[P_1^{tx},P_2^{tx},\cdots,P_K^{tx}]$和$\boldsymbol{u}=[u_1,u_2,\cdots,u_K]$分别表示 K 个用户的发射功率向量和 QoS 参数向量。则延时保障限制下，能效优先的功率控制问题能够表示为

P6：

$$\max\eta(\boldsymbol{P}^{tx},\boldsymbol{u}) \tag{7-23}$$

$$\text{并使得}\quad \Pr(\boldsymbol{D}_k>D_{max})\leqslant\varepsilon \tag{7-24}$$

$$P_k^{tx}\leqslant P_{max} \tag{7-25}$$

其中公式(7-24)为用户的延时约束，公式(7-25)为用户的峰值功率约束。

7.4.2 延时约束参数计算

延时限制条件下的功率控制问题 **P6** 中的约束条件，即时延中断概率，根据文献[31]工作，可得到

$$\Pr(D_k^q>t)=\left(\frac{1-u_k^*L}{1-u_k^*L+p_k u_k^* L}\right)^{\frac{t}{T_S}+1} \tag{7-26}$$

将$D_{\max}-T_S$代入公式(7-26)中得 t 得到

$$\begin{aligned}\Pr(D_k>D_{\max})&=\Pr(D_q>D_{\max}-T_S)\\&=\left(\frac{1-u_k^*L}{1-u_k^*L+p_k u_k^* L}\right)^{\frac{D_{\max}}{T_S}}\end{aligned} \tag{7-27}$$

则用户的延时约束公式(7-24)可以重写为

$$\left(\frac{1-u_kL}{1-u_kL+p_k u_k L}\right)^{\frac{D_{\max}}{T_S}}\leqslant\varepsilon\Leftrightarrow u_k\geqslant\frac{\beta-1}{(p_k+\beta-1)L} \tag{7-28}$$

结论 7-1　当每个用户的平均到达速率μ_k确定时 NOMA 系统的能源效率 η 是 QoS 参数u_k的减函数。

证明：因为有效容量$\alpha^{(c)}(u_k)$是u_k的单调递减函数[14]，所以有效容量求和 $\sum_{k=1}^{K}\alpha^{(c)}(u_k)$ 也是u_k的单调递减函数。当 QoS 参数增加时，发射功率P_k^{tx}相应地增加以满足严格的 QoS 要求，所以总功耗P_k是 QoS 指数u_k的单调递增函数。因为能源效率 η 的分子是u_k的减函数，分母是u_k的增函数，所以系统的能源效率 η 是 QoS 指数u_k的减函数。

证毕。

根据结论 7-1，最佳的 QoS 参数u_k为不等公式(7-28)取等号时的边界值，用u_k^*表示，则

$$u_k^*=\frac{\beta-1}{(p_k+\beta-1)L} \tag{7-29}$$

将公式(7-29)中的u_k^*代入公式(7-23)，于是，**P6** 可以简化为 **P7**：

P7：

$$\max\eta(\boldsymbol{P}^{tx},\boldsymbol{u}^*) \tag{7-30}$$

$$P_k^{tx}\leqslant\boldsymbol{P}_{\max} \tag{7-31}$$

式中，$\boldsymbol{u}^*=[u_1^*,u_2^*,\cdots,u_K^*]$为最佳的 QoS 参数向量。

证毕。

7.4.3　功率控制方案

当 **P6** 中 QoS 参数确定时，我们可以很容易得出以下的结论：

结论 7-2　在上行 NOMA 系统中，当每个用户的 QoS 参数确定时，有效容量的求和是发射功率的凹函数。

证明：令 $h(x)=-\frac{1}{u_kT_S}\log E(\mathrm{e}^{-u_kT_SB\log_2(1+c_kx)})(x>0)$，其中$c_k=\frac{|h_k|^2}{I_k+\sigma^2}$。因为$\log_2(1+c_kx)$在 $x>0$ 时是凹函数，因此$u_kT_SB\log_2(1+c_kx)$也是定义域上的凹函数。这表明 $\mathrm{e}^{-u_kT_SB\log_2(1+c_kx)}$ 是对数凸函数，因为求和运算保留函数的对数凸性[51]，因此 $E(\mathrm{e}^{-u_kT_SB\log_2(1+c_kx)})$也是对数凸函数。由于对数凸函数取对数的结果为凸函数，因此 $\log E(\mathrm{e}^{-u_kT_SB\log_2(1+c_kx)})$为凸函数，即 $h(x)$在 $x>0$ 时是凹函数。有效容量的求和可以写为 $\sum_{k=1}^{K}h(P_k^{tx})$。因为求和运算保留函数的凹性，所以 $\sum_{k=1}^{K}h(P_k^{tx})$ 是发射功率的凹函数。

证毕。

结论 7-2 表明公式(7-22)中能源效率 η 的分子是发射功率的凹函数，又因为能源效率 η 的分母是发射功率的仿射函数，因此分式函数 η 是拟凹的[51]分式拟凹优化 1 仿射函数，即最高次数为 1 的多项式函数。常数项为零的仿射函数称为线性函数。问题可以通过 Dinkelbach 算法求解为一系列参数下的凹优化问题[52]令q_i^* 为 **P7** 的最优值，则q_i^* 可以表示为

$$q_i^* = \max_{P_k^x} \left\{ \frac{\sum_{k=1}^{K} \alpha^{(c)}(u_k^*)}{\sum_{k=1}^{K} P_k} \right\} \tag{7-32}$$

拟凹优化问题 **P7** 可以转换为下面的参数凹优化问题：

$$F(q_i) = \max_{P_k^x} \left\{ \sum_{k=1}^{K} \alpha^{(c)}(u_k^*) - q_i \sum_{k=1}^{K} P_k \right\} \tag{7-33}$$

因为 $F(q_i)$是斜率为 $-\sum_{k=1}^{K} P_k$ 的线性函数，因此

$$\begin{cases} F(q_i^*) > 0 \Leftrightarrow q_i < q_i^* \\ F(q_i^*) = 0 \Leftrightarrow q_i = q_i^* \\ F(q_i^*) < 0 \Leftrightarrow q_i > q_i^* \end{cases} \tag{7-34}$$

最优值q_i^* 为等式 $F(q_i^*)=0$ 的根。根据 Dinkelbach 算法q_i^*[53]值可以转换为求解一系列参数优化问题。对于给定的q_i^*，我们可以求解 **P8**：

P8：

$$\max_{\Phi} \left\{ \sum_{k=1}^{K} \alpha^{(c)}(u_k^*) - q_i^* \sum_{k=1}^{K} P_k \right\}$$

$$P_k^{\mathrm{tx}} \leqslant P_{\max} \tag{7-35}$$

$$L(P_k^{\mathrm{tx}}, \lambda_k) = \sum_{k=1}^{K} \alpha^{(c)}(u_k^*) - q_i^* \sum_{k=1}^{K} P_k + \sum_{k=1}^{K} \lambda_k (P_k^{\mathrm{tx}} - P_{\max}) \tag{7-36}$$

式中，λ_k是非负的拉格朗日乘数。等价对偶问题可以分解为两层：①内层最大化问题解决了功率控制问题；②外层最小化问题解决了相应的拉格朗日乘数，由公式(7-37)给出：

$$\min_{\lambda_k \geqslant 0} \max_{P_k^a} L(P_k^{ta}, \lambda_k) \tag{7-37}$$

通过使用拉格朗日对偶分解，可以通过 $L(P_k^{\mathrm{tx}}, \lambda_k)$对$P_k^{\mathrm{tx}}$求偏导来解决内层最大化问题。我们用$P_k^{\mathrm{tx}*}$ 表示最佳功率。**P8** 的 Karush-Kuhn-Tucker(KKT)条件由公式(7-38)给出

$$P_k^{t*} \leqslant P_{\max} \tag{7-38}$$

$$\lambda_k^* \geqslant 0$$

$$\lambda_k^* (P_k^{\mathrm{tx}*} - P_{\max}) = 0$$

$$\frac{\partial L}{\partial P_k^{\mathrm{tx}*}} = \frac{B}{\log 2} E\left(\frac{\gamma_k \mathrm{e}^{-u_k^* R_k}}{P_k^{\mathrm{tx}*} (1+\gamma_k) E(\mathrm{e}^{-u_k^* R_k})} \right) - q_i^* p_k + \lambda_k^* = 0 \tag{7-39}$$

式中，$(\cdot)^*$ 表示最佳点处的相应变量的值。因此可以求解得到最佳发射功率($P_k^{\mathrm{tx}*}$)为

$$P_k^{\mathrm{tx}*} = \left[\frac{B\gamma_k}{\ln 2 (1+\gamma_k)(q_i^* p_k - \lambda_k^*)} \right]^+ \tag{7-40}$$

式中，$[x]^+$ 表示 $\max\{x,0\}$，λ_k^* 为是最优拉格朗日乘数，需要确保系统满足每个用户的峰值功率约束。

对于外层最小化问题，最优拉格朗日乘数λ_k^*可以通过次梯度法[51]代求解

$$\lambda_k(i+1)=[\lambda_k(i)+\beta_k(i)(P_{\max}-P_k^{\text{tx}*})]^+ \tag{7-41}$$

式中，i 是迭代次数，$\beta_k(i)$是第 i 次迭代的步长（例如$\frac{1}{\sqrt{i}}$）。当步长选取合适时，可以保证拉格朗日乘数收敛于最优值。

7.5 仿真分析

7.5.1 参数设置

在本节中，我们评估了该算法在瑞利衰落环境下的性能。信道增益$|h_k|^2$是由指数分布参数$\chi_k=d_k^\beta$，d_k表示用户 k 与基站之间的距离，β 表示路径损耗指数并且设 $\beta=4$。NOMA 单元中有三种不同的 QoS 需求值。基站与三个用户的距离d_1、d_2、d_3分别为300 m、600 m 和 900 m如图 7-3 所示。其他参数列在表 7-1 中。仿真场景中三个用户是指三个信道质量不同的用户为一个 NOMA 簇，复用相同的时频资源，基站需要对这三个用户进行功率分配。

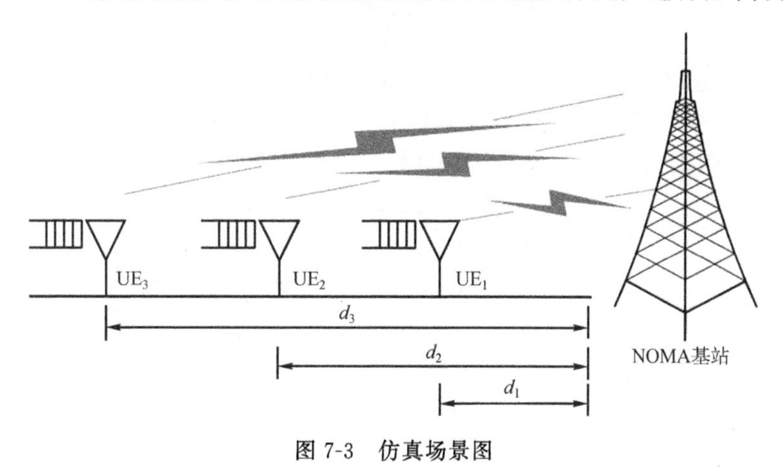

图 7-3 仿真场景图

表 7-1 参数设置

参数	数值
时隙，T_S	1 ms
带宽，B_c	180 kHz
平均信噪比，$\overline{\gamma}$	10 dB
噪声功率，N_0	−174 dBm/Hz
延时中断阈值，ε	0.1
发送功率最大值，$P_{\max}$	46 dBm
电路功率，P_c	10 dBm

7.5.2 仿真结果

图 7-4 所示为在所有的用户平均到达速率为 600 kbit/s 时，UE_1、UE_2 和 UE_3 的延时中断概率的分析结果与仿真结果对比。UE_1、UE_2 和 UE_3 的延时 QoS 参数分别设置为(10 ms,0.01)、(20 ms,0.01)和(30 ms,0.01)。如图 7-4 所示，仿真结果与分析结果非常接近，表明我们的功率控制方案能够保证用户的延时要求。

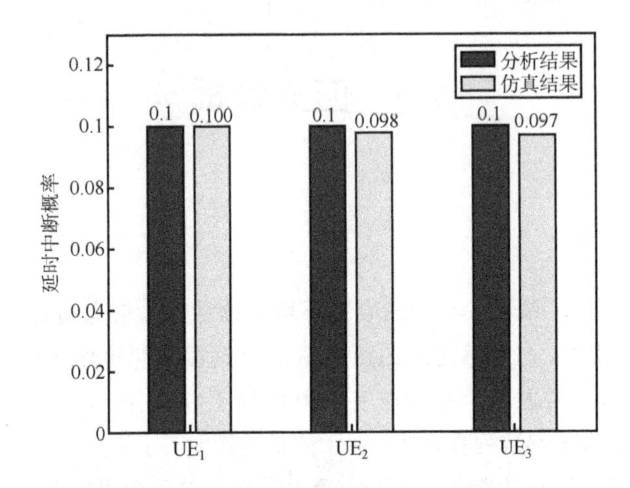

图 7-4　不同延时中断概率的分析和仿真结果

图 7-5 为不同延时上限下采用 DTX 与未采用 DTX 终端能源效率的对比图。延时中断概率 ϵ 设为 0.1。图中表明 NOMA 系统中采用 DTX 时的能效提升。其原因是未采用 DTX 终端，无论是否有数据需要发送，发射机一直处于发射状态，明显降低了系统的能源效率。

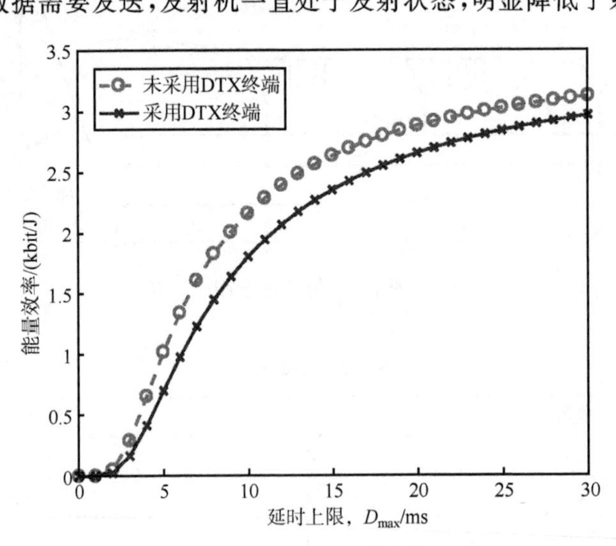

图 7-5　不同延时中断概率下优化的能效

图 7-6 所示为本章提出的功率控制方案和从低业务负载到高业务负载的 OMA 与 NOMA 能源效率的比较。业务负载 ρ 定义为平均到达率与平均服务率的比值：

$$\rho=\frac{E[A]}{E[S]}=\frac{\sum_{k=1}^{K}E(A_k)}{\sum_{k=1}^{K}E(S_k)} \tag{7-42}$$

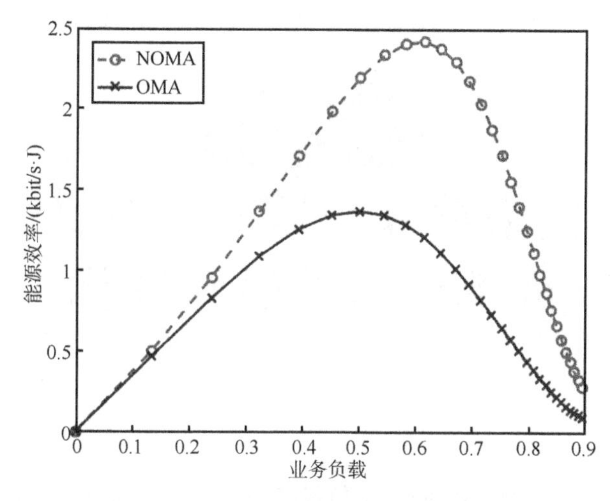

图 7-6 不同延时中断概率下优化的能效

该图显示了使用我们的方案时的能效提高。从图中可以看出,OMA 系统中的最优功率控制方案可以在低业务负载 $\rho<0.1$ 下实现与 NOMA 系统相同的能量效率。在 $\rho=0.6$ 时获得最佳业务负载,与 OMA 系统相比,能效提高 184.67%。

7.6 本章小结

在本章节中,我们深入探讨了非正交多址接入(NOMA)技术在跨层能效分析和能效优化方面的应用。非正交多址接入作为一种提升无线通信系统频谱效率的关键技术,其在实现更高数据率和更大系统容量方面展示了显著的优势。

我们首先介绍了在非正交多址接入技术下的系统与用户模型。系统模型关注于整个通信系统的构架,而用户模型则侧重于用户设备的具体特性及其通信行为。

进一步地,本章节详细分析了在非连续发送机制下的有效容量问题,包括双用户和多用户 NOMA 场景。有效容量作为评估无线链路质量的指标,对于保障服务质量(QoS)和系统能效具有重要意义。

特别地,本章节还提出了一个延时保障下能效优先的功率控制方案。通过对延时约束参数的精确计算,我们设计了一个旨在优化能效同时满足延时要求的功率控制方案,进一步平衡了通信系统的性能与能耗。

最后,通过仿真实验,本章节对上述提出的模型和方案进行了验证。通过详细的参数设置和仿真结果分析,证实了所提出方案在提高能效和保证 QoS 方面的有效性。

综上所述,本章节不仅系统地分析了非正交多址接入技术在跨层能效优化方面的应用,而且通过实证研究展示了所提功率控制方案在实际通信系统中的实用性和有效性。

第8章 网络演算与博弈论及其能效分析和能效优化

超密集网络中动态耦合的小区间干扰使得其功率控制是非凸性问题。尽管已有很多算法能够将其转化为标准凸优化问题，但这些算法通常需要集中式控制，然而从所有小区收集信息需要巨大的信令和时间开销。在分布式功率控制中，博弈论是一项通过网络中个体间战略互动从而达到“共赢”状态的重要技术。非合作博弈是博弈论的一个传统分支，适用于个体间存在利益冲突且相互制约的网络，每个玩家理性地、独立地做出策略来最大化自身的利益，因此适用于解决超密集网络中的能效优化问题。本章将对6G超密集网络的跨层能效进行分析，并利用博弈论进行功率控制来最大化小区的跨层能效。

8.1 系统建模

本章研究小区数量大于活跃用户数的多基站-单用户超密集网络场景，利用非合作博弈解决基于QoS保障的有效能量效率优化问题。首先对多基站-单用户超密集网络和小区间干扰进行建模，然后利用有效容量模型将QoS约束加入传统能效分析模型，从而推导出有效能量效率，即功控优化目标。而后，将问题建模为一个非合作博弈，利用梯度上升法求得其纳什均衡。最后对整个功控机制进行仿真，结果显示，本章提出的功率控制策略能够在保障QoS的前提下显著提升基站的有效能量效率。

本节将基于多基站-单用户超密集网络(Ultra-Dense Networks，UDNs)场景建模，系统示意图如图8-1所示。假设此网络中共有M个蜂窝小区，每个小区中包含一个小基站(Small Base Station，SBS)和一个用户设备(User Equipment，UE)。SBS和UE集合分别表示为$M=1,2,\cdots,M$，$N=1,2,\cdots,M$。在本章中，我们假设所有小区的下行链路进行信道复用。假设无线信道中存在瑞利块衰落，SBS掌握信道状态信息CSI通过X2接口相互交换CSI和发射功率等信息。我们假设系统模型以相等时间间隔T_S离散，此时间间隔与块衰落中块时长相等。

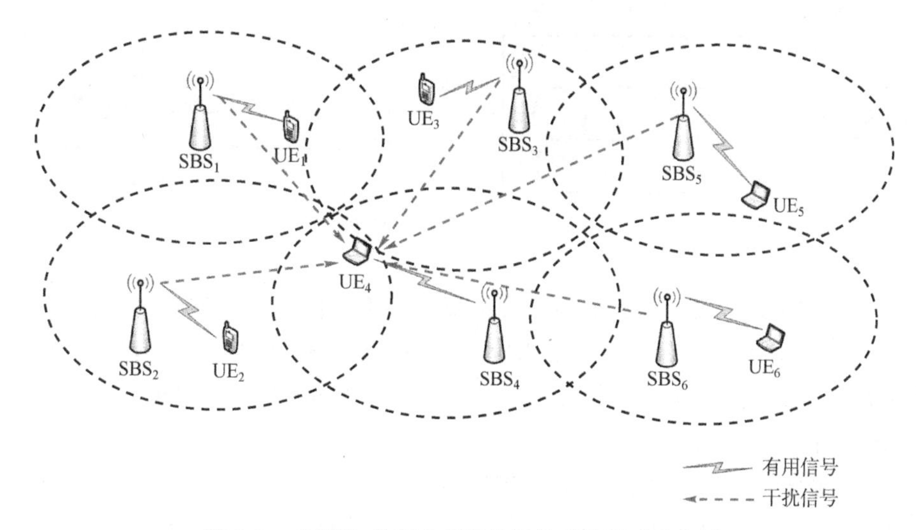

图 8-1 多基站-单用户超密集网络系统模型示意图

接下来讨论小区间干扰模型。假设在时间 t，SBS_m 服务的 UE_m 接收到的小区间干扰为$I_m(t)$，则$I_m(t)$可以表示为

$$I_m(t)=\sum_{n\in M,m\neq n} p_n(t)\,(d_{n,m})^{-\alpha}\,\left|H_{n,m}(t)\right|^2 \tag{8-1}$$

式中，$p_n(t)$为 SBS_n 的发射功率，$d_{n,m}$ 是 UE_m 与 SBS_n 间的距离，α 是路损指数，$|H_{n,m}(t)|^2$是 UE_m 与 SBS_n 在时间 t 的信道增益，在不同时隙中是独立同分布随机变量，并且服从均值为 1 的瑞利分布。进一步地，UE_m 在时间 t 的信干噪比（Signal-to-Interference-plus-Noise Ratio，SINR）可以表示为

$$\gamma_m(t)=\frac{p_m(t)(d_{m,m})^{-\alpha}\left|H_{m,m}(t)\right|^2}{I_m(t)+\sigma^2},m\in N \tag{8-2}$$

式中，σ^2是加性高斯白噪声功率。

8.2 多基站单用户下的非合作博弈

8.2.1 有效能量效率表达式推导

本节将提出多基站-单用户超密集网络中基于 QoS 保障的功控机制的优化目标。将 SBS-UE 点对点通信系统建模为排队系统，利用有效容量模型，将统计延时约束加入传统能效，推导点对点通信系统物理层一链路层的跨层能效——有效能量效率表达式。

我们将每对 SBS-UE 点对点通信系统建模为一个排队系统，其包含 5 个部分，分别是：数据源、拥有无限容量的缓冲区、发射器、无线信道和接收器，如图 8-2 所示。其中数据源随机向缓冲区发送数据，缓冲区将待传输数据缓存在一个假设有无限容量的先进先出队列中，SBS 上的发射器发送数据，数据经过无线信道传输，被位于 UE 上的接收器接收。

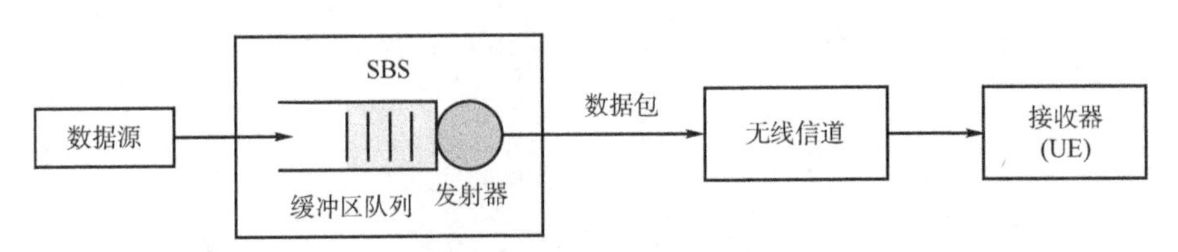

图 8-2　点对点排队模型

定义服务速率 $R[t], t=1,2,3,\cdots$ 为发射器在一个时间间隔内能够发送的数据量与时间间隔的比值，假设不同 SBS 有各自的 $R[t]$，且同一个 SBS 的 $R[t]$ 是恒定不变的。定义服务量 $S[t], t=1,2,3,\cdots$ 为发射器在一个时间间隔内能够发送的数据量，是服从 S 的独立同分布随机变量，原因如下：

为了提高系统可靠性，系统使用自动重传请求协议（Automatic Repeat Qequest，ARQ）对接收的数据包进行错误纠正。接收端接收到错误的数据包后，向发送端发送信号要求重传此数据包，直到接收到正确的数据包为止。我们定义数据包能够被正确接收的概率为 $p(\gamma(t))$，文献[35,54]将其称为效率方程。效率方程需要满足以下特性。当 SINR 很低时，数据包传输会存在大量错误，因此被正确接收的概率很低，趋近于 0；反之，数据包被正确接收的概率很高，趋近于 1。因此，$p(\gamma(t))$ 应在 $[0,1]$ 范围内连续单增。本章将效率方程 $p(\gamma(t))$ 表示为

$$p(\gamma(t))=(1-\mathrm{e}^{-\gamma(t)})^{L} \tag{8-3}$$

式中，L 是一个数据包中符号数，假设所有数据包大小相同，$\gamma(t)$ 是 UE 在时间 t 的信干噪比。

下面推导服务量 S 的概率质量函数（Probability Mass Function，PMF）。当时间 t 发送的数据包被正确接收，时间 t 的服务量 S 等于 RT_s；如果被错误接收。发送端会进行重传，因此相当于没有传输数据，时间 t 的服务量 S 等于 0，因此 S 的 PMF 表达式如下：

$$f_s(s)=\begin{cases} p(\gamma(t)), & s=RT_S \\ 1-p(\gamma(t)), & s=0 \end{cases} \tag{8-4}$$

传统能效描述了系统消耗单位能量时可以获得的香农信道容量，单位为 bit/J。香农容量描述了理论性能上限，但在实际系统中无法实现，并且没有考虑统计延时要求。因此，传统能效主要用于分析延时不敏感系统的能效，而 6G 通信网络的大部分应用技术都对延时有着严格的要求。为了满足延时敏感的服务，本章将研究有效能量效率（Effective Energy Efficiency，EEE），即系统消耗单位能量时可以获得的有效容量。本节将基于第 8.2.1 节假设和分析推导 EEE 表达式。

服务量 S_m 的对数矩母函数为[14]

$$\Lambda_{S_m}(-u_m)=\log E[\exp(-u_m S_m)] \tag{8-5}$$

根据有效容量模型，系统的有效容量表达式为

$$\alpha(u_m)=-\frac{\Lambda_{S_m}(-u_m)}{u_m T_S}=-\frac{\log E[\exp(-u_m S_m)]}{u_m Ts} \tag{8-6}$$

式中，$E[\cdot]$ 是期望算子，u_m 是 SBS_m 的延时 QoS 指数，物理含义为队长溢出概率的指数衰减率。QoS 指数越大，意味着要求排队延时越小，因此无线信道能够支持的最大吞吐量越

小。例如，当 $u\to 0$，代表系统没有对排队延时的要求，即可以接收任意时长的排队延时，反之 $u\to\infty$，代表系统对排队延时要求极高，即不能接收任何排队延时。

根据服务量 S 的 PMF 公式(8-4)，SBS_m 的有效容量表达式可以被进一步推导为

$$\alpha(u_m)=-\frac{\log[(\exp(-u_m R_m T_S)-1)\Pr(\gamma_m)+1]}{u_m T_S} \tag{8-7}$$

一般将一定 QoS 约束下系统的 EEE 表示为 EC 与 SBS 总功耗的比率，即

$$\begin{aligned}\eta(u_m,p_m)&=\frac{\alpha(u_m)}{p_m+p_c}\\&=-\frac{1}{u_m T_S}\frac{\log[(\exp(-u_m R_m T_S)-1)\Pr(\gamma_m)+1]}{p_m+p_c}\end{aligned} \tag{8-8}$$

单位为 bit/J，其中 p_c 是 SBS 发送数据期间电路消耗的功率。

本节将以最大化每个小区的系统 EEE 为目标，借助非合作博弈框架研究跨层能效优化的 SBS 下行功率控制机制。优化问题可以表示为

P9：

$$\max_{p_m,\forall m\in M}\quad \eta(u_m,p_m(t)) \tag{8-9}$$

$$\text{并使得 } 0<p_m(t)<p^{\max} \tag{8-10}$$

式中，$p^{\max}$ 是 SBS 的最大允许发射功率。首先将此问题建模为一个非合作博弈，然后对其纳什均衡的存在性和唯一性进行证明，再提出一个寻找纳什均衡的算法。

我们考虑一个纯策略非合作博弈 G1，其中每个 SBS 控制其发射功率以应对其他 SBS 的策略，目的为最大化其 EEE。博弈 G1 可以用一个三元组表示：

$$G_1=[M,\{P_m\},\{U_m(p_m(t)\mid P_{-m})\}] \tag{8-11}$$

(1) M 是玩家集合，即超密集网络中的 SBS 集合，下文中玩家与 SBS 同义；

(2) P_m 是玩家 m 的可用策略集合，$P_m=[0,p^{\max}]$。所有玩家的一个策略组合可以表示为 $P=\{p_1,p_2,\cdots,p_M\}$，除玩家 m 外的所有玩家策略组合可以表示为 $P_{-m}=\{p_1,p_2,\cdots,p_{m-1},p_{m+1},\cdots,p_M\}$；

(3) $U_m(p_m(t)\mid P_{-m})$ 是玩家 m 在时间 t 的效用函数，为了简化书写，下文的时间 t 如果没有特殊说明将被省略。博弈的效用函数即为 SBS 所在小区的系统 EEE，即

$$U_m(p_m\mid P_{-m})=\eta_m(u_m,p_m) \tag{8-12}$$

由于非合作博弈中每个玩家都自私地想让自己的效用值最大化，因此问题 **P9** 被转化为

$$P_g:\max_{p_m\in P_m,\forall m\in M}U_m(p_m\mid P_{-m}) \tag{8-13}$$

$$\text{并使得 } 0<p_m<p^{\max} \tag{8-14}$$

下面定义 G1 的最佳响应。

定义 8-1 玩家 m 的最佳响应定义为，给定不含玩家 m 的策略组合 P_{-m}，玩家 m 制定的使自己效用函数达到最大值的策略：

$$b_m(p_m,P_{-m})=\underset{p_m\in P_m}{\operatorname{argmax}}U_m(p_m,P_{-m}) \tag{8-15}$$

所有玩家同时达到最大值的状态称为纳什均衡(Nash Equilibrium，NE)。

定义 8-2 纳什均衡是一种特殊的策略集合 $P^*=\{p_1^*,p_2^*,\cdots,p_M^*\}$，其中每个玩家的策略在其他玩家策略不变的情况下都是最佳响应，每个玩家的效用值在其他玩家策略不变的情况下都是最大值，即

$$U_m(p_m^*, p_{-m}) \geqslant U_m(p_m, p_{-m}), \forall p_m^* \neq p_m, \forall m \in M \tag{8-16}$$

命题 8-1 非合作博弈 G1 有且只有 1 个纳什均衡。

其证明过程见附录标题 4 内容。

接下来我们将寻找 G1 唯一的纳什均衡,并将其作为问题 **P1** 的最优解。我们借助不动点方法[55]梯度上升法[56]和寻找纳什均衡的算法。

定义 8-3 问题P_g的不动点是一个策略组合P_s,并且满足以下不等式

$$(\nabla U_n(P_s))^T (P_s - p) \geqslant 0, \forall p \in P \tag{8-17}$$

式中,∇是梯度算子。

问题P_g的每个不动点都是一个纳什均衡,详细证明过程见文献[55]因此我们将基于梯度上升法提出一个寻找问题P_g的不动点算法。梯度上升法可用于迭代寻找函数的局部最大值。在我们的算法中,每个 SBS 都会在效用函数梯度的方向上迭代更新其传输功率。当所有 SBS 的效用函数均得到局部最大值时,就找到了问题P_g的不动点,也就是 NE。算法的详细步骤如表 8-1 所示。

表 8-1 梯度上升法求解非合作博弈纳什均衡

初始化:$t=0$,设置 SBS 初始发射功率$p_m(0)$,$m \in M$,停止收敛阈值 ϵ。重复下面的步骤,直到收敛
1. 给定$P_{-m}(t-1)$,每个 SBS 独立地计算最佳响应$b_m(p_m(t), P_{-m}(t-1))$
2. 每个 SBS 根据下面公式更新发送功率策略 $$p_m(t) = p_m(t-1) + \mu[b_m(p_m(t), p_m(t-1)) - p_m(t-1)] \tag{8-18}$$ 式中,$\mu \in (0,1]$是更新步长公式(8-9)
3. 计算两次策略之差$e_m = p_m(t) - p_m(t-1)$
4. 当$\lvert e_m \rvert \leqslant \epsilon$ 时结束算法流程,否则设置 $t=t+1$,然后执行步骤 1

8.2.2 仿真结果分析

本节将分析与评估所提出的多基站-单用户超密集网络下基于 QoS 保障的非合作能效优化功控机制的性能。基于第 8.1 节的系统模型搭建了一个 $100 \times 100(\mathrm{m}^2)$的超密集网络,分别通过泊松点过程(Poison Point Process,PPP)设置 M 个 SBS 和 UE。其余参数设置如表 8-2 所示。为了方便分析,仿真中我们使用相对传输功率 $\rho = p/\sigma^2$ 来代替 SBS 的传输功率。

表 8-2 仿真参数

参数	数值
初始发射功率,$\rho_m(0)$	2 dB
SBS 最大允许发射功率,$p^{\max}$	27 dBm
带宽(赫兹),B_c	20 MHz
噪声功率密度,N_0	−174 dBm/Hz
时隙(毫秒),T_S	1 ms
路径损耗,α	2

我们将从博弈 G1 纳什均衡的寻找过程、QoS 指数 u 对 SBS 的功控结果的影响和超密集网络基站密集程度对 SBS 的功控结果的影响三方面进行分析。

1. 功控的迭代收敛过程

图 8-3 所示为博弈 G1 中 M 个基站的平均发射功率迭代过程。为了研究不同基站个数下功控的收敛情况，我们分别设置了 47、99、157 个基站。可以看到 3 种基站个数情况下的基站平均发射功率在迭代 10 次到 15 次后达到收敛状态。观察到随着基站数量 M 的变大，收敛后的平均功率也逐渐变大。这是因为 M 变大导致每个 UE 受到的干扰随之增大，每个 SBS 需要增大发射功率来抵抗干扰。本节实验结果证明了所提出功控可以达到唯一的纳什均衡，具有可行性。

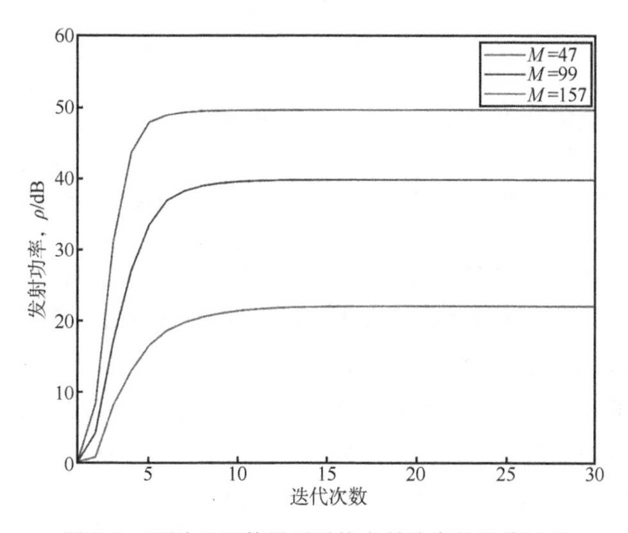

图 8-3 不同 SBS 数量下平均发射功率的迭代过程

2. QoS 指数对功控结果的影响分析

本节将研究不同的延时 QoS 要求对功控的影响。为了单一化变量，本节将 SBS 数量 M 设置为一固定值 55，改变 QoS 指数 u，经过功控得到每个 QoS 指数下的平均最大 EEE。为了消除信道增益随机性对功控结果的影响，我们在每个 QoS 指数下均进行了 100 次不同信道增益的博弈，以其均值作为结果。本节和 8.33 节仿真结果均进行了消除信道随机性处理，后文不再赘述。从图 8-4 可以观察到，QoS 指数越大，最大 EEE 越小。由于有效容量模型中的 QoS 指数反映了业务对延时要求的严格程度，QoS 指数越大代表对延时要求越严格。而 EC 是满足 QoS 要求的最大系统吞吐量，当延时要求更严格时，为了保障 QoS 要求，需要减小数据吞吐量以控制缓冲队列长度和排队延时，因此这种负相关变化是合理的。

为了评估本章提出的功控机制有效性，将功控得到的最大 EEE 与传统能效（Energy Efficiency，EE）$\eta_m^{\mathrm{EE}}(t)$ 和非功控得到的 EEE 进行对比。其中 EE 的计算公式如下：

$$\eta_m^{\mathrm{EE}}(t)=\frac{B_c\log_2(1+\gamma_m(t))}{p_m(t)+p_c} \tag{8-19}$$

EE 没有加入延时 QoS 的考虑，相当于 EEE 中的 $u=0$。因此 EE 在任何 QoS 取值处都大于 EEE，且由于 EE 与 QoS 无关，所以是一条直线。

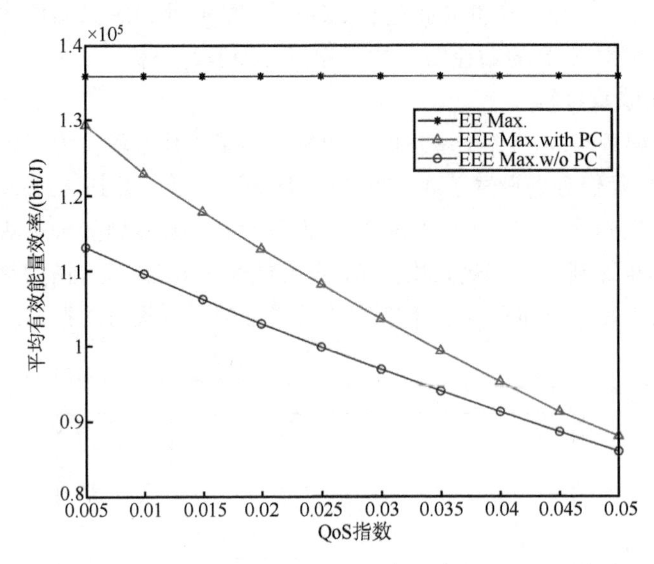

图 8-4 不同 QoS 指数要求下纳什均衡处所有 SBS 的平均 EEE

下面对非功控的 EEE 计算方式进行说明。当不进行功率控制时，我们将 SBS 的发射功率设置为固定值。为了与功控情况有可比性，我们需要找到能够得到尽可能大 EEE 的功率值。以图 8-5 为例，计算了 4 个 SBS 在 QoS 指数 $u=10^{-3}$时采用不同固定发射功率时对应的 EEE，不难发现每个 SBS 都有不同的功率值$\tilde{p}$对应最大的 EEE，因此我们将每个 SBS 发射功率允许范围内得到最大 EEE 的功率$\tilde{p}$作为非功控的固定功率。从图 8-4 我们观察到，功控下纳什均衡状态的最大平均 EEE 比非功控的平均 EEE 提升了 4.35%～30.0%。因此可以证明，我们提出的非合作功控机制具有有效性。

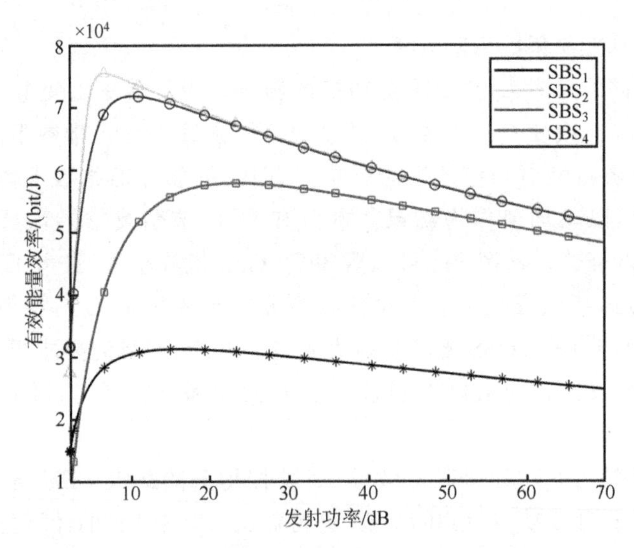

图 8-5 $u=10^{-3}$，$M=4$ 时每个 SBS 固定发射功率得到的有效能量效率

3. 基站部署密度对功控结果的影响分析

本节将研究超密集网络中固定 QoS 指数时，基站的部署密度对功控结果的影响。我们

将 SBS 密度定义为 $100\times100(\mathrm{m}^2)$ 中的 SBS 个数，QoS 指数设为 0.01。本节同样计算了非功控得到的最大 EEE 和传统能效 $\eta_m^{EE}(t)$，与所提出的功控结果进行对比。可以看出三种情况下，SBS 的最大平均 EEE 均随 SBS 密度变大而降低。很自然地，因为小区间干扰会随着 SBS 密度的增大而变得严重，而 SBS 为了保障 QoS 要求不得不增大发射功率来抵抗干扰，因此能效会随之降低。而纵向对比可以看出，传统能效 $\eta_m^{EE}(t)$ 由于没有考虑 QoS 所以是三种情况中最大的，功控得到的最大平均 EEE 比非功控得到的最大 EEE 提升了 9.76%～50.0%，因此可以证明，我们提出的非合作功控机制具有有效性。

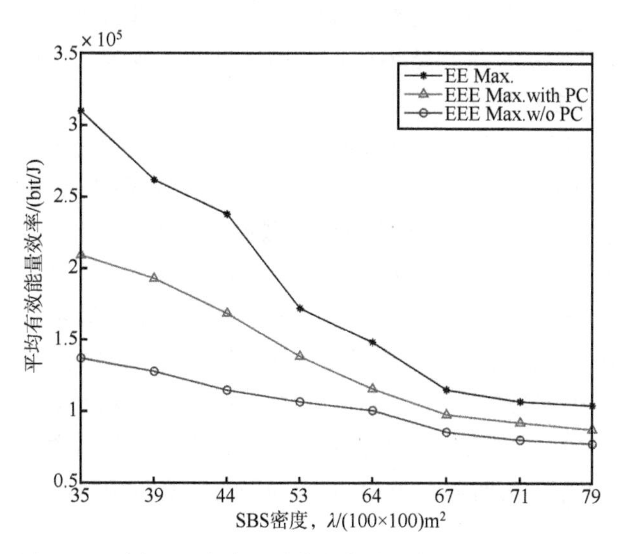

图 8-6 不同 SBS 密度下纳什均衡处所有 SBS 的平均 EEE

8.3 多基站多用户下的非合作能效优化功率控制

随着 6G 通信的发展，将有越来越多的无线通信设备同时接入网络，出现了活跃用户密度大于小区密度的超密集网络场景。因此本章将研究场景从多基站-单用户超密集网络拓展到多基站-多用户超密集网络，即小区中基站同时服务多个用户的情况，同样讨论其在保障 QoS 前提下跨层能效的优化研究。基于 OFDMA 的多基站-多用户超密集网络中，所有小区共享信道，小区内将信道分为多个正交子信道，子信道间不考虑干扰，仅考虑小区间的同频干扰[15]在多用户场景中，每个子信道上都会存在干扰，整个小区中的干扰将更加复杂。因此多用户网络的无线资源分配问题有重要的研究价值。

针对无线蜂窝网络多用户场景的资源分配问题有很多研究成果。文献[57]研究了在多用户 OFDMA 系统中，通过联合分配最佳子信道和功率控制，来最大化整个系统的总香农容量。文献[58]对具有不完全信道状态信息(Channel State Information，CSI)的多用户 ODMA 无线蜂窝网络下行通信，利用分式规划提出了一种能效优化联合资源分配方案。文献[59]提出了一种异构网络下兼顾效率和公平性的带宽分配机制，该机制利用凸优化方法得到每个用户的最大效用和带宽最优分配方案。文献[60]对 CR-OFDM 系统中多认知用户的频谱资源分配问题，提出了一种基于接入机制的联合子载波和功率分配方法，该方法能够在保证认知用户之间容量分配公平性的同时，保证每个用户的通信质量。文献[61]提出了一种低复杂度的联合用户分组和资源分配算法，该算法旨在解决多用户双层波束形成的资源分配问题，以提高用户的信噪比和系统吞吐量。

本节将研究活跃用户密度大于小区密度的超密集网络场景，利用非合作博弈解决基于QoS保障的有效能量效率优化问题。首先对多基站-多用户超密集网络和其小区间干扰进行建模，然后利用有效容量模型推导多用户场景下每个小区中系统跨层能效表达式，最后以保障一定延时约束下最大化每个小区跨层能效为目标，利用非合作博弈进行功控机制，利用梯度上升法求得其纳什均衡。仿真结果验证了所提出功控机制的能够在保障QoS的前提下显著提升小区的有效能量效率。

本节将对多基站-多用户超密集网络场景进行系统建模，系统模型示意图如图8-7所示。考虑一个基于OFDMA的多基站-多用户超密集网络，假设此网络中共有 K 个子信道，由 $k\in K=1,2,3,\cdots,K$ 表示，各子信道的子载波相互正交，因此不考虑小区内干扰，仅考虑小区间干扰。系统中共有 M 个小区，每个小区中包含一个SBS，表示为 $M=1,2,3,\cdots,M$，以及 N 个UE，表示为 $N=1,2,3,\cdots,M$。由于每个小区中只有一个SBS，因此本章中小区和SBS共用一个集合 M 进行表示。当小区中多个UE同时请求服务时，每个UE被分配一个互不相同的子信道。所有小区共享同一个下行信道，且SBS掌握CSI，不同小区中的SBS通过X2接口相互交换CSI和发射功率等信息。假设无线信道中存在瑞利块衰落，系统以相等时间间隔 T_S 为时间离散，此时间间隔与块衰落中时间块相等。

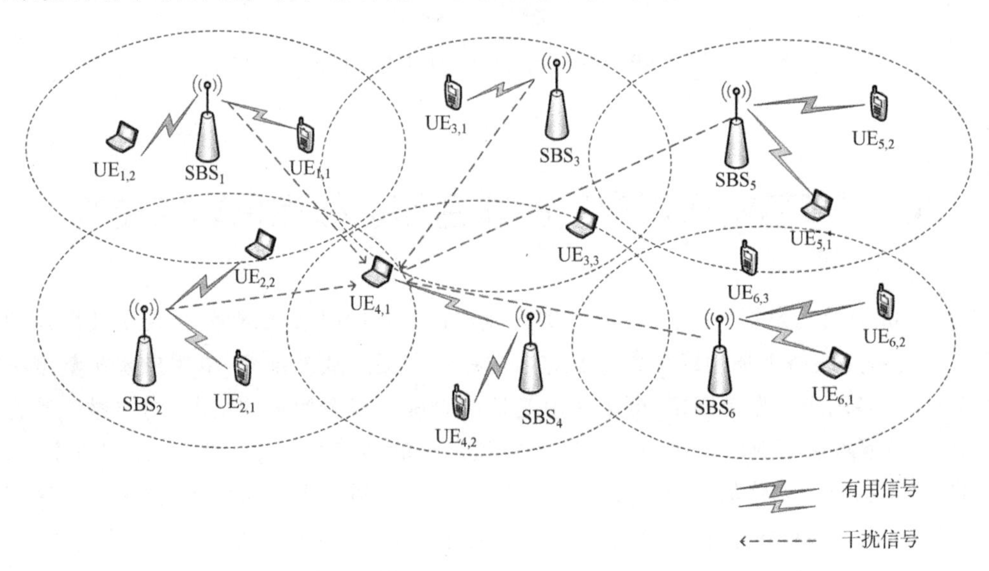

图8-7　多基站-多用户超密集网络系统模型示意图

将小区 m 中的UE集合表示为 U_m，各小区的UE集合没有交集，即 $U_a\cap U_b=\varnothing,a\neq b,a,b\in M,U_1\cup U_2\cup\cdots\cup U_M=N$。因此在时间 t，U_m 中被分配第 k 个子信道的 $\mathrm{UE}_{m,n}^{k}$，$n\in U_m$ 受到的小区间干扰可以表示为

$$I_m^k(t)=\sum_{i\in M,i\neq m}\sum_{n\in U_i}c_{i,n}^{k}p_{i,n}^{k}(t)(d_{i,m}^{k})^{-\alpha}\left|H_{i,m}^{k}(t)\right|^2 \tag{8-20}$$

式中，$c_{i,n}^{k}$ 表示子信道分配因子，如果子信道 k 被分配给 SBS_i 的 UE_n，则 $c_{i,n}^{k}$ 为

$$\gamma_m^k(t)=\frac{p_{m,n}^k(t)(d_{m,n}^k)^{-\alpha}\left|H_{m,n}^k(t)\right|^2}{I_m^k(t)+\sigma^2} \tag{8-21}$$

式中，σ^2是加性高斯白噪声功率，$p_{m,n}^k(t)$是时间 t 上 SBS_m 分配给子信道 k 的 UE_n 的发射功率，将 SBS_m 分配给各子信道的发射功率用向量$\boldsymbol{P}_m$表示，$\boldsymbol{P}_m=(p_m^1,p_m^2,\cdots,p_m^K)$。$SBS_m$ 在时间 t 的总发射功率表示为$p_m(t)$，且满足 $p_m(t)=\sum\limits_{n\in U_m,c\in K} p_{m,n}^c(t)$，$p_m(t)\leqslant p^{\max}$

$p_m(t)=\sum\limits_{n\in U_m,c} \in_K p_{m,n}^c(t)$，$p_m(t)\leqslant p^{\max}$，$c$ 为 SBS_m 中分配给 UE_n 的子信道，$p^{\max}$为 SBS 最大允许发射功率。

8.3.1 点对点排队模型建模

我们将每对 SBS-UE 点对点通信系统建模为一个排队系统，如图 8-8 所示。其包含 5 个部分：①数据源；②拥有无限容量的缓冲区；③发射器；④无线信道和⑤接收器。数据源随机向缓冲区中发送数据，缓冲区将待传输数据缓存在一个假设拥有无限容量的先进先出(First-In-First-Out，FIFO)队列中，发射器将缓冲区中的数据分发到对应的子信道上。数据经过无线信道传输，分别被各子信道对应的 UE 上接收器接收。因此每个小区的 SBS 与 UE 至多形成 K 个点对点的排队系统。

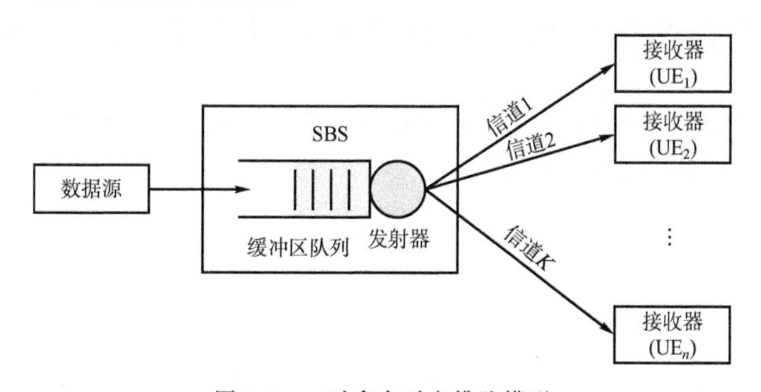

图 8-8 一对多点对点排队模型

假设 SBS 对各子信道的服务速率保持不变，SBS_m 对第 k 子信道上的服务速率为R_m^k，单位为比特每秒(bit/s)。与第 2 章相同，系统使用 ARQ 协议对接收数据包进行错误纠正。因此，本章也将 SBS 对各子信道的服务量S_m^k建模为独立同分布变量，SBS_m 对第 k 子信道上的服务量S_m^k的 PMF 表示为

$$f_{S_m^k}(s)=\begin{cases}\Pr(\gamma_m^k(t)), & s=R_m^k T_S\\ 1-\Pr(\gamma_m^k(t)), & s=0\end{cases} \tag{8-22}$$

为了满足 6G 通信系统愈加严格的延时要求，同时尽可能减小基站的能量消耗，实现绿色通信，我们的研究重点是保障延时 QoS 的前提下最大化基站的有效能量效率。因此，本节将推导多基站-多用户超密集网络中一个小区的系统 EEE 表达式。

首先推导 SBS_m 中子信道k 上的 EC 表达式。假设分配给 SBS_m 的子信道集合为C_m，将 SBS_m 各子信道上的延时 QoS 指数表示为向量$\boldsymbol{U}_m=\{u_m^c,c\in C_m\}$，各子信道上的发送功率

集合表示为$P_m=\{p_m^c,c\in C_m\}$。根据有效容量理论，SBS_m 中子信道 c 上的服务量S_m^c的对数矩母函数为

$$\Lambda_{S_m^c}(-u_m^c)=\log E[\exp(-u_m^c S_m^c)] \tag{8-23}$$

SBS_m 中子信道 c 上的 EC 表达式为

$$\alpha(u_m^c)=-\frac{\Lambda_{S_m^c}(-u_m^c)}{u_m^c T_S}=-\frac{\log E[\exp(-u_m^c S_m^c)]}{u_m^c T_S} \tag{8-24}$$

式中，$E[\cdot]$是期望算子，u_m^c是子信道 c 上的延时 QoS 指数，物理含义为时长中断概率的指数衰减率。利用S_m^c的 PMF 可以将 EC 进一步推导为

$$\alpha(u_m^c)=-\frac{\log[(\exp(-u_m^c R_m^c T_S)-1)\Pr(\gamma_m^c)+1]}{u_m^c T_S} \tag{8-25}$$

由于各子信道相互独立不产生干扰，SBS_m 的总 EC 表示为

$$\alpha_m=\sum_{c\in C_m}\alpha(u_m^c) \tag{8-26}$$

SBS_m 的总 EEE 表示为 SBS_m 的总 EC 与总消耗功率之比，可以表示为

$$\eta_m(P_m)=\frac{\alpha_m}{p_m+p_c} \tag{8-27}$$

单位为 bit/J，其中p_m是 SBS_m 总发射功率，p_c是 SBS_m 电路消耗的功率。

8.3.2 基于 QoS 保障的多用户非合作能效优化功率分配机制

本章的研究内容是多基站-多用户超密集网络下 QoS 保障的非合作能效优化功率分配机制，因此我们对研究问题进行建模：

P10：

$$\max_{P_m=(p_m^1,p_m^2,\cdots,p_m^K),\forall m\in M}\eta_m(P_m) \tag{8-28}$$

$$\text{并使得}\quad 0<\sum_{c\in K}p_m^c<p^{\max} \tag{8-29}$$

我们将借助非合作博弈框架解决问题 **P10**，将问题 **P10** 建模为纯策略非合作博弈。在博弈中，给定用户的子信道分配方案，且在功控过程中保持不变，超密集网络的每个 SBS 根据其他 SBS 的发射功率计算各子信道的小区间干扰，从而制定各子信道的最优发射功率，这是一次功率控制过程。博弈在各 SBS 间重复迭代，直到所有小区的系统 EEE 都收敛。

给定用户的子信道分配方案后，由于各子信道间相互独立互不干扰，我们将对多基站-多用户超密集网络的每个子信道分别构建相互独立的博弈，即构建 K 个彼此独立的非合作博弈，表示为 $G_2=\{G_k,k=1,2,\cdots,K\}$。其中博弈$G_k$是超密集网络中被分配了子信道 k 的 SBS 间的博弈。在博弈G_k中，SBS_m 会根据其他 SBS 在子信道 k 上的发射功率策略调整自己子信道 k 的发射功率来最大化自己的 EEE η_m^k，G_k表示为

$$G_k=[M^k,\{P_m^k\},\{U_m^k(p_m^k(t)\mid P_{-m}^k(t))\}] \tag{8-30}$$

(1) M^k是超密集网络中被分配了子信道 k 的 SBS 集合，$M^k\in M$，下文中“玩家”和 SBS 同义；

(2) P_m^k是M^k中 SBS_m 分配给子信道 k 的可用发射功率策略集合，$\{P_m^k\}\in[0,p^{\max}]$，且保证 SBS_m 在所有子信道的发射功率之和不大于$p^{\max}$；

(3) $U_m^k(p_m^k(t)|P_{-m}^k(t))$是时间 t,M^k 中 SBS_m 在子信道 k 的效用函数,为了简化书写,下文的时间 t 如果没有特殊说明将被省略。由于博弈G_k目的是最大化各 SBS 子信道 k 的 EEE,因此 SBS_m 的效用函数是子信道 k 的 EEE,即

$$U_m^k(p_m^k|P_{-m}^k)=\eta_m^k(p_m^k) \tag{8-31}$$

定义 8-4　博弈G_k中 SBS_m 的最佳响应是,给定其他 SBS 的策略组合P_{-m}^k,SBS_m 制定的使自己效用函数达到最大值的策略,表示为

$$b_m^k(p_m^k,P_{-m}^k)=\underset{p_m^k\in\{P_m^k\}}{\arg\max}U_m^k(p_m^k,P_{-m}^k) \tag{8-32}$$

定义 8-5　博弈G_k中的纳什均衡是一种特殊的策略集合$P^{k^*}=\{p_1^{k^*},p_2^{k^*},\cdots,p_m^{k^*}\}$,其中每个 SBS 子信道 k 上的策略在其他 SBS 子信道 k 策略不变时都是最佳响应,每个 SBS 在子信道 k 的效用函数值在其他 SBS 子信道 k 的策略不变的情况下都是最大值,且没有玩家可以单方面再提高其效用函数,即

$$U_m^k(p_m^{k^*}|P_{-m}^{k^*})\geqslant U_n(p_m^k|P_{-m}^{k^*}),\forall p_m^{k^*}\neq p_m^k,\forall m\in M \tag{8-33}$$

命题 8-2　博弈G_k有且只有 1 个纳什均衡。

其证明过程与命题 8-3 证明过程基本一致,因此不再赘述。当 G_2 中的 K 个博弈均达到纳什均衡时,所有博弈的纳什均衡则组成了问题 **P10** 的最优解,即功控的结果。

接下来我们将寻找博弈G_k唯一的纳什均衡,并将纳什均衡作为子信道 k 上的最优功率控制方案。与第 8.2.1 节中提出的方法相同,我们引入不动点[55]梯度上升法[56]找纳什均衡。求解 K 个非合作博弈纳什均衡详细算法流程如表 8-3 所示。

表 8-3　梯度上升法求解 K 个非合作博弈纳什均衡

初始化:$t=0$,设置 SBS_m 各子信道初始发射功率$p_m^k(0)$,$m\in M$,$k\in K$,停止收敛阈值 ε。所有子信道博弈同时执行步骤 1～4,直到各子信道功率全部收敛
1. 给定子信道 k 上其他 SBS 功率集合$P_{-m}^k(t-1)$,每个 SBS 独立地计算子信道 k 的最佳响应$b_m^k(p_m^k(t),P_{-m}^k(t-1))$
2. 根据下面公式,更新子信道 k 发射功率策略, $p_m^k(t)=p_m^k(t-1)+\mu[b_m^k(p_m^k(t),P_m^k(t-1))-p_m^k(t-1)]$　(8-34) 其中 $\mu\in(0,1]$是更新步长公式(8-9)
3. 计算所有子信道博栾两次策略之差$e_m=p_m^k(t)-p_m^k(t-1)$,将所有博弈中的最大差值设为$e_m^{\max}$;
4. 当$|e_m^{\max}|\leqslant\varepsilon$ 时结束算法流程,否则设置 $t=t+1$,然后执行步骤

8.3.3　仿真结果分析

本节将分析与评估所提出的多基站-多用户超密集网络下基于 QoS 保障的非合作跨层能效优化功控机制的性能。我们基于第 8.3 节的系统模型搭建了一个 $100\times100(\mathrm{m}^2)$的超密集网络,分别通过泊松点过程(Poison Point Process,PPP)设置 M 个 SBS 和 N 个 UE,每个 SBS 中包含 K 个子信道,每个子信道分配给一个活跃 UE,且假设在功控期间子信道分配方案不变。其余参数设置如表 8-4 所示。为了方便分析,仿真中我们使用相对传输功率$\rho=p/\sigma^2$来代替 SBS 的传输功率。

表 8-4 仿真参数

参数	数值
初始发射功率，$\rho_m(0)$	2 dB
SBS 最大允许发射功率，$p^{\max}$	27 dBm
带宽（赫兹），B_c	20 MHz
噪声功率密度，N_0	−174 dBm/Hz
时隙（毫秒），T_S	1 ms
路径损耗，α	2
子信道数量，K	3

我们将从博弈 G_2 中各子信道博弈G_k纳什均衡的寻找过程、QoS 指数 u 对功控结果的影响和基站密集程度对功控结果的影响三方面进行分析。

本节目的是展示博弈 G_2 中各子信道博弈G_k，$k=1,2,3$ 达到纳什均衡的迭代过程。设置 $M=55$，$K=3$，每个小区中有 K 个 UE 分别被分配一个子信道。图 8-9 所示为各子信道博弈G_k的迭代过程，纵轴计算的是所有 SBS 在各子信道的发射功率均值，可以代表每个博弈G_k的策略变化情况。可以看到每个子信道的平均发射功率在迭代 10 次到 15 次后达到收敛状态。证明 G_2 中所有博弈G_k均存在且唯一的纳什均衡，具有可行性。

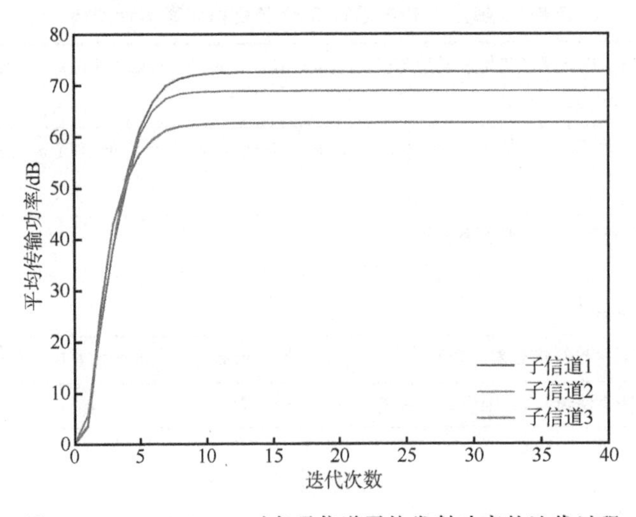

图 8-9 $M=55$，$K=3$ 时各子信道平均发射功率的迭代过程

本节研究不同 QoS 指数对功控结果的影响。如图 8-10 所示，我们将基站数量设置为 55，在不同 QoS 指数下分别做功控，并将每次功控的结果，即每个子信道博弈G_k处于纳什均衡时的最大 EEE 按 SBS 求均值。可以看出，随着 QoS 指数的增大，每个子信道的最大平均 EEE 都随之变小。这是因为 QoS 指数越大意味着对延时 QoS 的要求越严格，为了保障 QoS 要求，需要减小数据吞吐量以控制缓冲队列长度和排队延时，因此单位能量消耗下获得的 EC，即 EEE 会随着变小。

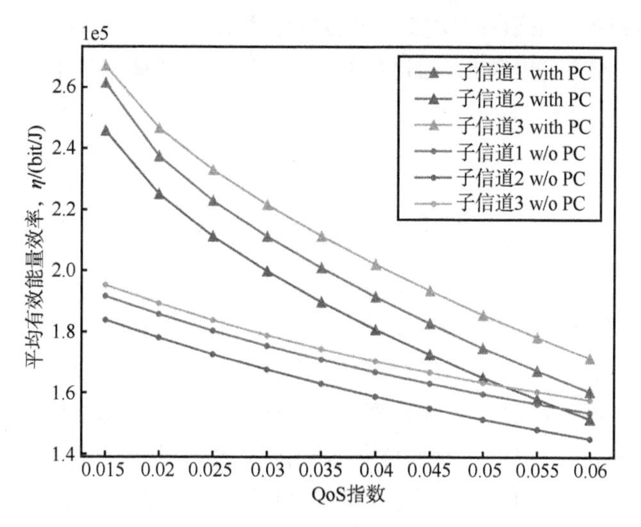

图 8-10　$M=55, K=3$ 时各子信道平均最大 EEE 随 QoS 指数的变化过程

为了评估本章提出功控机制的有效性，我们与非功控的发射功率机制作对比。在非功控机制中，我们尽可能选取能够获得最大 EEE 的发射功率，选取过程和第 8.2.2 节相同，这里不再赘述。从图 8-10 可以看出，各子信道的所有 QoS 指数下，进行功控得到的最大平均 EEE 均大于非功控得到的平均 EEE，提升范围为 4.45%～36.66%，且随着 QoS 指数的增大，功控得到的平均 EEE 下降速度大于非功控得到的 EEE。因此可以得出，本章提出的功控机制可以有效提升 EEE，且对 QoS 指数变化更加敏感。

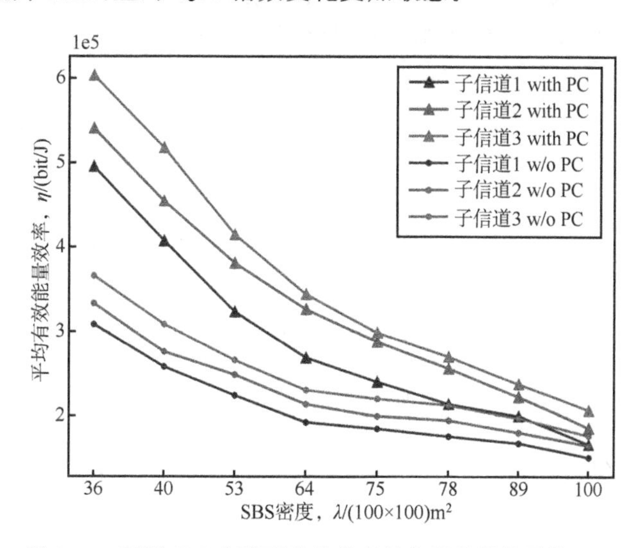

图 8-11　不同 SBS 密度下纳什均衡处各子信道的平均 EEE

本节研究了一定统计延时约束下，基站的部署密度对功控结果的影响。我们将 SBS 密度定义为 100×100(m^2)中的 SBS 个数，QoS 指数设置为 0.05。与第 8.3.3 节相同，本节同样计算了各子信道进行功控和非功控得到的最大 EEE。可以看出功控和非功控情况下，各子信道 SBS 的平均 EEE 均随 SBS 密度变大而降低。因为小区间干扰会随着 SBS 密度的增大而变得严重，而 SBS 为了保障 QoS 要求不得不增大发射功率来抵抗干扰，因此能效会随

之降低。此外观察到各子信道中，功控比非功控得到的平均 EEE 有 10.19%～67.65%的提升。联合第 8.3.3 节结果可以看出，相比延时约束，基站的部署密度对功控得到的最大跨层能效影响更大。

8.4 本章小结

在本章节中，我们详细讨论了网络演算和博弈论在能效分析和能效优化中的应用，以及如何在多基站单用户和多基站多用户的场景下利用非合作博弈来实现能效优化。

我们首先介绍了网络演算的系统建模方法，为之后的能效优化分析奠定了基础。在多基站单用户的场景中，我们推导了有效能量效率的表达式，并通过仿真结果分析了功率控制的迭代收敛过程，展示了不同的服务质量(QoS)指数对功率控制结果的影响，以及基站部署密度对功控结果的影响。

接下来，章节聚焦于多基站多用户场景下的非合作能效优化功率控制问题，建立了点对点排队模型，并提出了一种基于 QoS 保障的多用户非合作能效优化功率分配机制。通过这种机制，系统可以在保障 QoS 的同时，优化功率分配，以提升能源利用效率。

最后，我们通过仿真实验验证了所提出机制的有效性。仿真结果表明，在考虑用户公平性和服务质量保障的情况下，所提出的非合作功率控制策略能够有效地提高系统的能效。

综上所述，本章节不仅在理论上为非合作博弈论下的能效优化提供了坚实的分析基础，而且通过仿真实验，证明了所提出策略在实际无线通信系统中的可行性和有效性。这对于设计和优化下一代无线通信网络，具有重要的理论和实践价值。

第9章

基于网络演算与机器学习的能效分析和优化

超密集无线网络的干扰管理及最优控制方法存在以下两方面挑战：①更加复杂的网络拓扑和业务源特；②考虑上述特征，如何在保障业务 QoS 需求的前提实现最优控制并最大化网络吞吐量。本章从小区间干扰建模及其对业务 QoS 的影响，针对此问题提出基于遗传算法等相关方法。然后讨论通过 MEC 系统中的计算卸载策略、基于马尔可夫决策过程（简称马氏决策）和强化学习的干扰管理优化方法。

9.1 基于遗传算法的最优资源分配

在本小节中，将首先结合服务速率、有效容量及数据延时等性能指标，根据所研究的非连续发送机制下双模电路的实现方式，分析该机制下网络有效能效。然后基于面向多用户超密集网络场景，构建保障延时约束的最大化能效的目标资源分配问题，为下一步设计基于遗传算法的资源分配算法提供数学基础。

9.1.1 非连续发送机制下的有效能效

作为未来 5G 超密集网络中降低小区间干扰及能源消耗的重要手段，非连续发送机制下，每个小基站存在两种可能状态，分别为空闲状态和工作状态。而上述两种状态及它们之间的转换基于该机制下的双模电路系统。因此，为了分析该机制下网络内的有效能效问题，设计 QoS 约束下最佳资源分配，需要首先分析该双模电路系统，进一步推导有效能效的表达式。小基站下行信号发送中的基带处理流程及射频处理流程分别如图 9-1、图 9-2 所示。

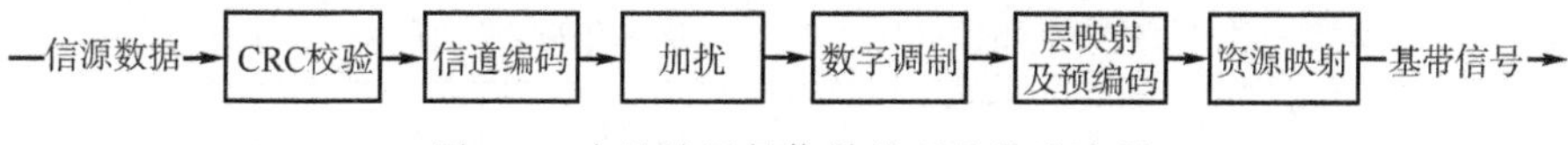

图 9-1　小基站下行信号处理及发送流程

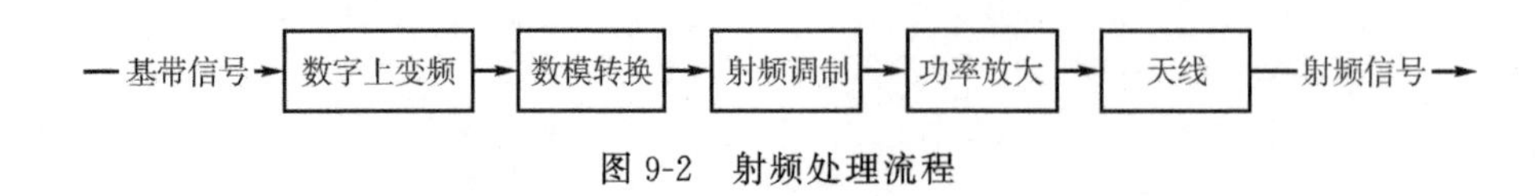

图 9-2　射频处理流程

由上述工作原理分析中可以看出，下行信号发送过程会产生基带处理功率。数模转换功率、混频电路功率、滤波电路功率及功率放大功率等。此外，小基站整体还存在一个非零的固定功率。根据图 1-2 所示的非连续发送机制的状态转换过程可知，在双模电路系统中，当目前调度的队列存在数据传输时，小基站处于工作状态。此时将消耗上述各项功率以实现数据发送。若当前调度队列不存在数据且没有新数据到达时，小基站会切换到空闲状态，可以将数据发送相关的电路设备转换到休眠模式，产生的功率远低于工作状态。基于以上分析，在单位时间 T 内，小基站 n 产生的能源消耗的表达式如下：

$$\mathrm{EP}_n = P_c T + P_n T_{\mathrm{tx}} + P_{\mathrm{idle}} T_{\mathrm{idle}}(\mathrm{J}) \tag{9-1}$$

式中，P_c 是各小基站的固定电路功率，P_n 是小基站 n 的发送功率，p_{idle} 是各小基站空闲状态下的休眠功率，T_{tx} 和 T_{idle} 分别是处于工作状态由于空闲状态所占的时间且存在 $T = T_{\mathrm{idle}} + T_{\mathrm{tx}}$。由公式(4-21)可知，$T_{\mathrm{idle}}$ 可以表示为

$$T_{\mathrm{idle}} = p_{\mathrm{idle};n} T \tag{9-2}$$

基于上述分析的双模电路系统，将其对应的能源消耗及小基站内有效容量表达式代入有效能效的计算方式，即将公式(9-1)与公式(4-10)代入公式(1-4)，可以得到非连续发送机制下小基站 n 的有效能效表达式：

$$\eta_n = \frac{J_n \alpha_{n,j}^{(c)}}{P_c + P_n(1 - p_{\mathrm{idle}_n}) + P_{\mathrm{idle}} p_{\mathrm{idle}_n}} \tag{9-3}$$

9.1.2　平均延时约束下的资源分配问题构建

在第 9.1.1 节中讨论了小基站下行数据发送的处理流程，并基于非连续发送机制下的双模电路系统推导了小基站有效能效的表达式。本小节中将基于上述结论，引入平均延时约束限制条件，构建多用户超密集网络下最大化有效能效的资源分配问题。

基于图 4-2 所示的多用户系统下行数据传输端到端模型，当信源业务数据存在延时约束时，发送端的资源分配系统可以由图 9-3 所示。如图中所示，该系统由多个信源、缓存器、下行调度器、双模电路及资源分配模块组成。

服务量 $S_{n,j}[k]$ 为时隙 k 内，小基站 n 能够发送给用户 j 的比特数。根据第 2 章中得出的结论，服务量序列 $S_{n,j}[1], S_{n,j}[2], \cdots$ 可以等同于并表示为一个随机变量 $S_{n,j}$。由于假定同一小基站内各用户接收到的干扰信号、有效信号功率均值都相同，那么小基站 n 内各用户的服务量 $S_{n,1}, S_{n,2}, \cdots, S_{n,J_n}$ 服从相同的分布，等同于随机变量 S_n。根据公式(4-2)及公式(4-3)可知，服务量 S_n 是关于小基站 n 发送功率 P_n 及其他所有工作小基站发送功率 P_i 的函数：

$$S_{n,j} = S_n = \mathrm{BT_S} \log_2\left(1 + \frac{P_{n,n} |H_{n,n,j}|^2}{\sum_{i \in M} P_{i,n} |H_{i,n,j}|^2 + N_0 B}\right) \tag{9-4}$$

式中，$P_{i,n} = P_i - (60 + 37.6\lg(D_{i,n}))$ 为小基站 n 内各用户收到的有效信号/干扰信号平均功率。

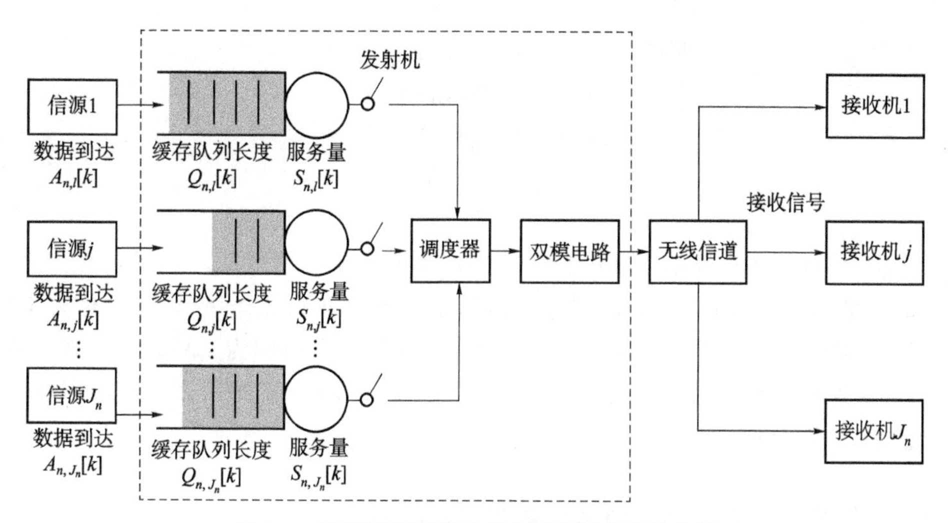

图 9-3 随机网络演算及其在通信网络中的应用

为了分析小基站内的 QoS 性能，可以进一步基于有效容量模型建立了物理层服务速率、数据到达速率等与链路层缓存器排队情况之间的数学关系。根据有效容量理论，小基站 n 内用户 j 的缓存队列长度Q_n分布及延时D_n平均值可以分别表示为

$$\Pr(Q_n > B_n) \approx p_b^n \mathrm{e}^{-u_n^* B_n}$$

和

$$E[D_n] = \int_0^{+\infty} \Pr(D_n > t_n) \mathrm{d} t_n \approx \frac{1 - u_n^* L_n}{p_n u_n^* L_n} \tag{9-5}$$

式中，u_n^* 是满足有效容量等于有效带宽条件的特定 QoS 指数，即满足：

$$\alpha_{n,j}^{(c)}(\boldsymbol{u}^*) = \alpha_{n,j}^{(b)}(u_n^*) \tag{9-6}$$

系统中的资源分配模块可以检测并获取各信源业务数据的平均延时约束，并根据网络内无线传输条件（系统带宽、各小基站服务用户数、各小基站间距离、最大发送功率限制等参数）构建最大化网络内总有效能效的优化问题。然后通过进一步求解上述问题，调整双模电路系统中的射频处理模块以实现最优资源分配。

网络内的总有效能效 η，可以表示为各小基站有效能效之和。根据第 2 章所提出的跨层容量分析模型，可以求解给定无线传输条件下特定 QoS 指数向量$\boldsymbol{u}^* = [u_1^*, \cdots, u_N^*]$。然后将公式(4-10)、公式(4-21)代入公式(9-3)可知，在给定小基站发送功率组合$P = [P_1, \cdots, P_N]$的条件下，网络内总有效能效 η 的表达式为

$$\eta = \sum_{n \in N} \eta_n = \sum_{n \in N} \frac{J_n \left(E[C_{n,j}] - \dfrac{\mathrm{Var}(C_{n,j}) T_S}{2} u_{n,j} \right)}{P_c + P_n (1 - u_n^* L_n (1 - p_n)) + P_{\text{idle}} (u_n^* L_n (1 - p_n))} \tag{9-7}$$

因此，通过上述对于非连续发送机制下多用户超密集网络中的数据到达模型。服务模型及发送端资源分配模块的分析可知，本章所研究的平均延时约束下最大化网络内总有效能效的优化问题可以总结为

P11：

$$\max \eta = \max \sum_{n \in N} \frac{J_n \left(E[C_{n,j}] - \dfrac{\mathrm{Var}(C_{n,j}) T_S}{2} u_{n,j} \right)}{P_c + P_n (1 - u_n^* L_n (1 - p_n)) + P_{\text{idle}} (u_n^* L_n (1 - p_n))}$$

$$\text{并使得}\quad E[D_n] \leqslant D_{\max\_n},\ \forall n \in N \tag{9-8}$$

$$\alpha_{n,j}^{(c)}(\boldsymbol{u}^*) = \alpha_{n,j}^{(b)}(u_n^*) \tag{9-9}$$

$$P_{\min} \leqslant P_n \leqslant P_{\max} \tag{9-10}$$

$$0 < p_n < 1 \tag{9-11}$$

$$L_n > 0 \tag{9-12}$$

式中,公式(9-8)保证各小基站内各用户数据平均延时小于约束值$D_{\max_n}$(以下简称为 **C1**),公式(9-9)保证此时的 QoS 指数 u_n^* 满足有效容量等于有效带宽条件(以下简称为 **C2**),公式(9-10)保证各小基站的发送功率落在特定约束区间(以下简称为 **C3**)。而公式(9-11)及公式(9-12)为网络内数据到达过程所必需的客观条件。因上述两式所表示的约束在之后的分析讨论过程中将省略。

9.1.3 基于遗传算法的最优资源分配

遗传算法是一种受达尔文"适者生存,优胜劣汰"生物进化论启发的自适应搜索算法[62]。它首先通过模拟遗传学机制,对于问题的可能解空间进行染色体编码,生成初始种群个体;然后按照一定方式选择进化种群个体,最终使其演变成"适应度"最大的状态,从而寻找问题的最优解。相比传统优化方式,遗传算法的优势在于不要求优化问题的可导性、能够处理存在多变量问题、可以处理连续或离散变量的优化问题等。因此,遗传算法已被广泛应用到大型复杂问题的求解中。由于 **P11** 所示的优化问题中,由于小基站间的干扰耦合问题,有效容量表达式难以通过微积分技巧化简为封闭解,无法通过传统的凸优化、分式规划理论对其求解,所以本节中将基于遗传算法思想设计,设计求解 **P11** 所示优化问题的资源分配算法。

典型遗传算法的流程图如图 9-4 所示,主要以下几个部分组成。

(1) 编码过程:该过程将问题可能的解空间按照特定规则转变成基因形式,用于后续的计算处理。

(2) 初始化种群:按照参数设定生成一定数量的初始状态个体。

(3) 适应度评估:基于预定义的适应度函数,对于当前种群中各个体进行评估,适应度的值越大代表该个体越优秀。

(4) 遗传操作:该操作包括选择、交叉、变异等步骤。其中选择依据上一步得到的各个体适应度结果,挑选并保留优良个体进入下一代。通过交叉运算可以得到新的基因型个体,使其继承父代优良基因。而变异操作则是为了避免求解过程陷入局部最优,从而以较低的概率对新个体进行特定位置基因改变。新一代生成后,将重新评估种群内所有个体的适应度,直到获得最佳适应度或穷尽种群进化代数。

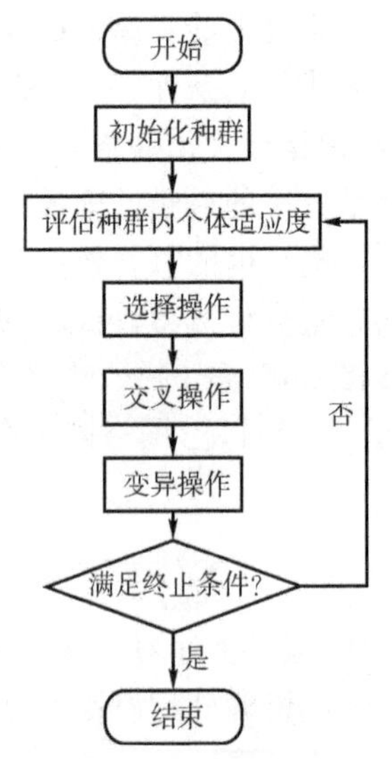

图 9-4 遗传算法基本流程图

(5) 参数设计:作为遗传算法的核心内容之一,该步骤需要根据具体优化问题分析并设定上述算法流程中所涉及的各算子值,例如,种群规模、进化代数、交叉概率、变异概率等。

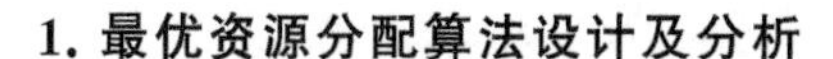

1. 最优资源分配算法设计及分析

基于上述遗传算法的基本实现流程，本小节将结合第 4.5 节中所提出的跨层分析模型，设计求解 **P11** 所示问题的最优资源分配算法，该算法的伪代码由表 9-1 给出。下面各分小节中，将针对该算法中的各步骤模块中的具体实现方法进行介绍与分析。

表 9-1 一种基于遗传算法的最优资源分配算法

求优化问题 **P11** 对应的最佳资源分配算法
输入：带宽 B，噪声功率谱密度 N_0，小基站间距离 $D_{i,n}$，小基站与用户间距离 $D_{n,n}$，小基站数据到达长度均值 L_n，允差 ξ(e.g.，$\xi=10^{-5}$)，小基站平均延时约束 $D_{\max\_n}$，小基站发送功率上下限 $P_{\min}$、$P_{\max}$，求解精度(e.g.，$\varepsilon=10^{-2}$)
输出：满足优化问题 **P11** 的最佳资源分配 $\boldsymbol{P}^*=[P_1^*,\cdots,P_N^*]$、最大有效能效 $\eta_{\max}$
确定算法种群规模 P_size、进化代数 Generations、交叉概率 Crossover_rate、变异概率 Mutation_rate，定义适应度函数 R
1：根据约束 **C3** 中各小基站发送功率取值范围$[P_{\min},P_{\max}]$及求解精度，计算染色体长度 C_length，对目标优化问题 **P11** 的可能解空间进行二进制编码
2：根据设定的种群规模随机初始化种群
3：**for** $i=1$:Generations **do**
4：**for** $m=1$:P_size **do**
5：根据约束条件 **C2** 及第 2 章提出的多维求根算法，求解当前代种群内个体 m 对应小基站发送功率组合下特定 QoS 向量 $\boldsymbol{u}_m^{(i)*}$
6：根据公式(4-17)及 $\boldsymbol{u}_m^{(i)*}$，计算个体 m 对应各小基站的平均延时 $E[D_n]$
7：**if** [n]，$E[D_n]$均满足约束条件 **C1**
8：根据步骤 2 中定义计算个体 m 对应的适应度 $R_m^{(i)}$
9：**else**
10：令个体对应的适应度 $R_m^{(i)}=0$
11：**end if**
12：**end for**
13：根据上一步获得的各个体适应度值，通过精英选择法对种群内个体进行选择操作，获得当前代最大适应度值 $R_{\max}^{(i)}=\max R_m^{(i)}$ 及最佳个体对应的资源分配组合 $\boldsymbol{P}^i=[P_1^i,\cdots,P_N^i]$
14：更新全局系统最大有效能效 $\eta_{\max}=\max\{R_{\max}^{(i)},R_{\max}^{(i-1)}\}$(当 $i=1$ 时，$\eta_{\max}=R_{\max}^{(1)}$)，以及取得最佳个体对应的发送功率组合*
15：根据设定的交叉概率 Crossover_rate，对种群内父代个体对进行染色体单点交叉操作，生成子代种群个体
16：根据设定的变异概率 Mutation_rate，对上一步所得部分子代个体进行基因基本位突变操作，生成新一代种群
17：**end for**
返回 $\boldsymbol{P}^*=[P_1^*,\cdots,P_N^*]$，$\eta_{\max}$

2. 编码及种群初始化

遗传算法中，将目标优化问题的可能解空间转换为遗传空间中可以计算操作的染色体的过程通常称为编码[63]编码方式作为遗传算法中的基础和关键问题之一，不仅影响后续遗传操作算子的参数设计，而且影响了遗传算法的搜索效率。目前主流的编码方式有二进制编码、浮点数编码、符号编码等，本算法中采用二进制编码方式。该方式利用 0/1 二进制符号作为基因点位，通过一定长度的基因排列构成染色体用于编码解空间的所有表现型。相比其他编码方式，二进制编码具有编解码简单、遗传操作易于实现等优点。

根据约束条件 **C3**，各小基站发送功率P_n的可能取值范围为$[P_{\min}, P_{\max}]$。那么，当表 9-1 所示优化算法中设置的求解精度为 ε 时，对单个小基站的所有可能发送功率进行二进制编码时，所需要的最短染色体长度C_{length}应满足以下不等式：

$$2^{C_{\text{length}}-1} < \frac{P_{\max} - P_{\min}}{\varepsilon} \leqslant 2^{C_{\text{length}}} \tag{9-13}$$

若网络内共有 N 个小基站，则需要总长为 $N * C_{\text{length}}$ 的染色体对全部资源分配方案所构成的解空间进行二进制编码。

在确定编码方式后，根据算法中首先确定的种群规模参数 P_size，通过在遗传空间内随机生成长度为 $N * C_{\text{length}}$二进制序列的方法初始化种群内个体。

3. 适应度评估

适应度评估是遗传算法中确定群体内个体优劣的重要步骤，是后续进行选择交叉、突变等遗传操作的重要依据。个体的适应度越高，说明其对应解的质量越好，那么该个体被选择成为父代从而进一步生成子代的可能性也越高。因此，适应度函数的定义在一定程度上将影响遗传算法的收敛性和搜索效率。

特别地，求解目标问题 **P11** 的优化算法中，还需要进一步满足约束条件 **C1**，即个体对应的资源分配方案下，各小基站内的平均延时需要小于约束值。因此，在定义适应度函数时，需要验证种群内各个体是否满足约束条件 **C1**，对于满足上述约束的有效个体，计算对应资源分配方案下网络内的总有效能效作为非零适应度，继续参与遗传操作。而不满足该约束的无效个体，则将其对应的适应度置零作为惩罚，使其不再参与遗传操作。综上所述，表 9-1所示的优化算法中的适应度函数可以统一表示为

$$R = \begin{cases} \sum\limits_{n \in N} \dfrac{J_n\left(E[C_{n,j}] - \dfrac{\operatorname{Var}(C_{n,j})\, T_S}{2} u_{n,j}\right)}{P_c + P_n(1 - u_n^* L_n(1-p_n)) + p_{\text{idle}}(u_n^* L_n(1-p_n))} & \text{满足 C1} \\ 0 & \text{其他} \end{cases} \tag{9-14}$$

4. 选择操作

接下来，遗传算法需要基于上一步计算的适应度，按照特定的选择算子从当前代种群中选择优良个体作为父代，通过后续交叉操作生成新一代种群个体，实现高质量解对应染色体的子代遗传。因此，选择算子建立了适应度与个体保留概率之间的数学关系，其目的是使得适应度更大的个体以更大的概率被选择。几种常见的遗传算子包括轮盘赌选择法（roulette wheel selection）[64]、锦标赛选择法（tournament selection）[65]、排序选择法（rank-based model）[66]精英选择法（elitist model）[67]等。

表 9-1 所示的优化算法中使用精英选择法进行个体选择，其核心思想是在轮盘奢选择的基础上，将当前代适应度最大的个体直接保留至下一代，不再参与后续交叉、变异等遗传

操作防止优良染色体被破坏。精英选择法是种群收敛到优化问题最优解的一种基本保障，其具体实现方式如下：

假定当前种群为第 i 代，首先基于轮盘奢选择法选择全部父代个体。该方法按照各个体的适应度大小确定各个体被选中的比例，并统计各个体的累计概率。然后模拟轮盘指针转动，通过在[0,1]区间内生成随机数，并依据累计概率分布确定被选择的个体。

图 9-5 在种群规模为 4 时，利用该方法选择的下一代种群示例。其中，个体 m 被选择的概率 $p_m^{(i)}$ 为其适应度 $R_m^{(i)}$ 占种群适应度总和的比例，使得适应度越高的个体被选择的概率越大：

$$p_m^{(i)} = \frac{R_{mi}^{(i)}}{\sum_{r=1}^{P\_size} R_r^{(i)}} \tag{9-15}$$

个体m	适应度R_m	选择概率p_m	累计概率q_m
1	45	0.069 7	0.069 7
2	136	0.210 5	0.280 2
3	442	0.684 2	0.964 4
4	23	0.035 6	1

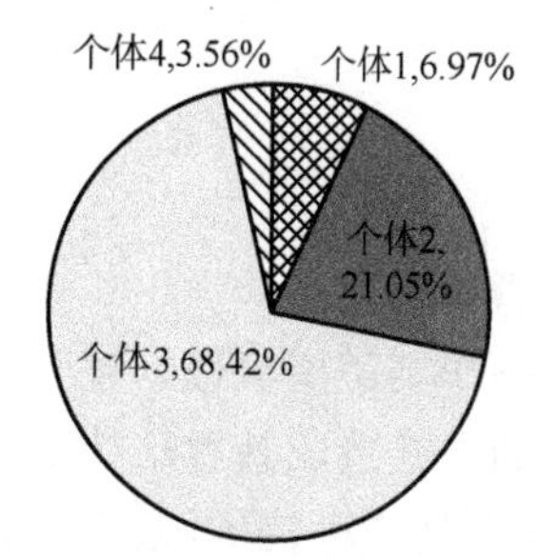

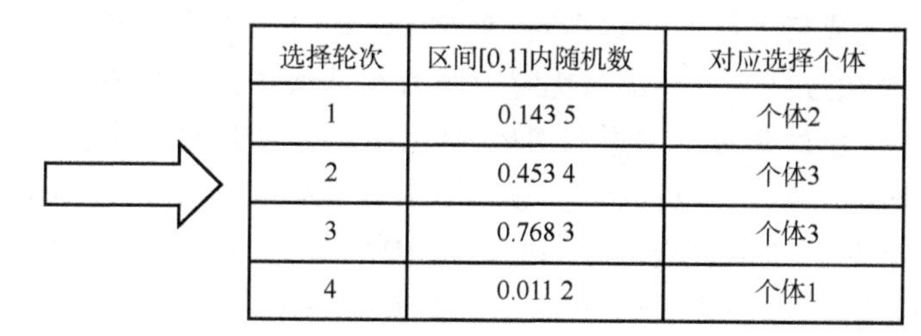

选择轮次	区间[0,1]内随机数	对应选择个体
1	0.143 5	个体2
2	0.453 4	个体3
3	0.768 3	个体3
4	0.011 2	个体1

图 9-5　轮盘赌示例图(种群规模为 4)

然后，根据公式(9-15)计算其累计概率 $q_m^{(i)}$，代表轮盘指针停留的选择范围为

$$q_m^{(i)} = \sum_{h=1}^{m} p_h^{(i)} \tag{9-16}$$

在获得各个体的累计概率后，算法在[0,1]区间内生成种群规模 P_{size} 个随机数，根据随机数落入的累计概率分布区间，选择对应个体作为父代个体进行交叉、变异操作，最终生成第 $i+1$ 代种群个体。

精英选择法在第 $i+1$ 代种群后，将再次计算各个体的适应度值。若第 $i+1$ 代种群中最优个体的适应度小于截至当前代种群中最优个体的适应度，则用该最优个体取代第 $i+1$ 代群体中适应度最小的个体。

5. 交叉操作

交叉操作作为遗传操作中最主要的一步，通过将两个配对的父代个体间的染色体替换重组，生成具有新的基因性状个体，继承父代个体的优良性状。交叉操作中算子的选择将影响遗传算法的全局搜索能力。

对于二进制编码的遗传算法中，交叉操作所使用的算子主要有单点交叉、两点或多点交叉、均匀交叉等。本算法中使用单点交叉算子，当生成的随机数小于交叉概率 Crossover_ rate 时执行交叉操作。个体由 N 个长为C_{length}染色体片段组成，每个片段独立编码一个小基站的发送功率。在每个片段内随机设置一个基因交叉点位，然后交换匹配父代染色体上交叉点位以后的部分染色体，直至全部片段交换完成后生成一对新个体。否则父代个体不发生交叉成为子代个体。当发生交叉时，某一片段内的具体实现机制如图 9-6 所示。

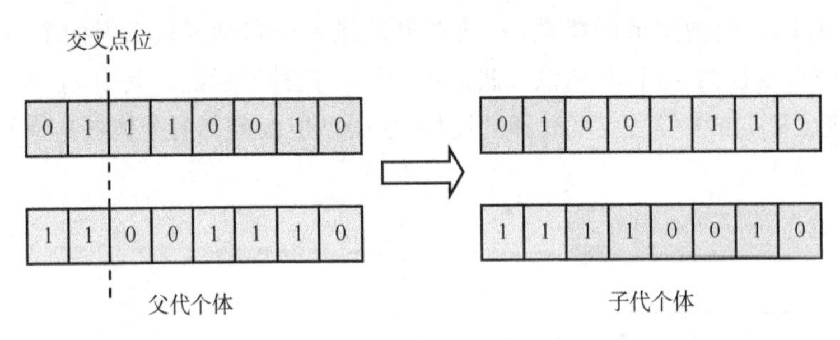

图 9-6　单点交叉示意图(染色体片段长度为 8)

6. 变异操作

变异操作则是模拟进化过程中的基因突变环节，通过将某些基因座上的基因改变成其等位基因的方式造成基因结构的变化，从而生成初始种群中不曾出现的染色体结构。一般来说，变异发生概率较低，通常设置为 0.001 至 0.05 之间。

与交叉操作的生成新个体的方式不同，变异操作将引入新的个体性状，保持种群内个体多样性，避免遗传算法过早陷入局部最优解。同时在算法接近最优解可能范围时加速收敛速度。由于本章所提出的算法的二进制编码方式，变异操作时使用单点变异算子，对于完成交叉操作得到的子代个体，当生成的随机数小于变异概率 Mutation_rate 时执行变异操作：在每个 C_{length} 长染色体片段随机设置一个变异基因座，然后将该位置基因转变为等位基因，直至全部片段完成变异，生成新一代个体。否则子代个体直接保持原状成为新一代个体。发生突变时，某一片段内的具体实现机制如图 9-7 所示。

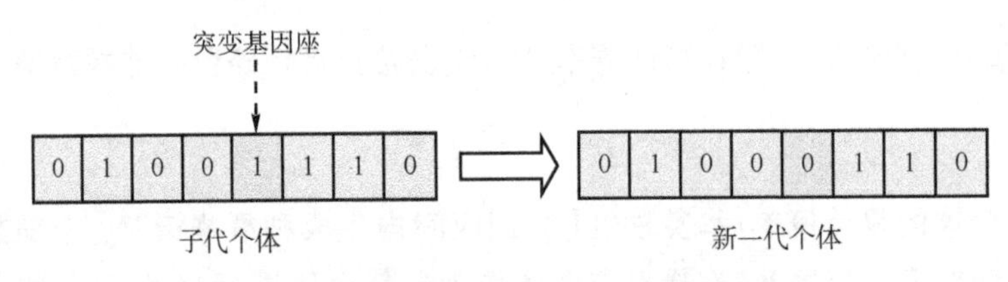

图 9-7　单点突变示意图(染色体片段长度为 8)

9.2　仿真模型及参数

本小节将基于第 1 章中提出的非连续发送机制系统模型，搭建了双小基站多用户场景下分别应用轮询及最大信干噪比调度方式的仿真模型。假定小基站 1 内服务的用户数为 3 个，小基站 2 服务的用户数为 2 个。接着有以下假设。

(1) 同样假定带宽 B 为 180 kHz，等同于 5G 时频资源网格上的一个资源块。时隙长度 T_S 等于 5G 网络中一个子帧长度 1 ms；噪声谱密度N_0设定为－174 dBm/Hz。

(2) 两个小基站内各用户的数据到达长度平均速率分别为 1 Mbit/s(普通视频数据业务,与 500 kbit/s(延时敏感性业务)对应的最大平均延时约束分别为 14 ms 及 4 ms;假定小基站与服务用户之间的距离$D_{n,n}$为 100 m,小基站之间距离$D_{i,n}$为 500 m; 大尺度路径损耗模型为$P_{i,n}=P_i-(60+37.6\lg(D_{i,n}))$(dBm);

(3) 各小基站的最大与最小发送功率约束P_{max}、P_{min} 分别 200 mW(23 dBm)、100 mW(20 dBm); 空闲状态下的功率P_{idle}为 5 mW,固定电路功率P_c为 30 mW。

表 9-2 双小基站多用户系统仿真参数

参数	数值
带宽,B	180 kHz
噪声频率谱密度,N_0	−174 dBm/Hz
时隙,T_S	1 ms
小基站内用户数,J_n	$J_1=3$,$J_2=2$
到达数据包长均值,L_n	$L_1=10\,000$,$L_2=5\,000$
数据平均延时约束,D_n	$D_1=14$ ms,$D_2=5$ ms
数据到达概率,p_n	$p_1=p_2=0.1$
小基站与服务用户距离,$D_{n,n}$	100 m
小基站之间距离,$D_{i,n}$	500 m
发送功率约束,P_{max}、P_{min}	100 mW、200 mW
空闲状态功率,P_{idle}	5 mW
固定电路功率,P_c	30 mW

表 9-3 基于遗传算法的资源分配算法参数

参数	数值
染色体长度,C_{length}	10
种群规模,P_{size}	30
进化代数,Generations	100
交叉概率,$Crossover_{rate}$	0.95
变异概率,$Mutation_{rate}$	0.05

9.3 仿真结果分析

为了检验表 9-3 所示优化算法的有效性及收敛性,本小节将基于第 9.2.1 节的表 9-2、表 9-3所示的仿真模型与参数,分别在轮询、最大信干噪比调度下,通过该算法计算满足上述平均延时约束的最优资源分配$\boldsymbol{P}^*=[P_1^*,P_2^*]$及对应的网络内最大有效能效$\eta_{max}$。其中在获得最优解时,截至当前代得到的网络内最大总有效能效随种群进化的变化过程分别如图 9-8、图 9-9 所示,对用得到的最优资源分配方案及最大总有效能效值分别如表 9-4、表 9-5 所示。

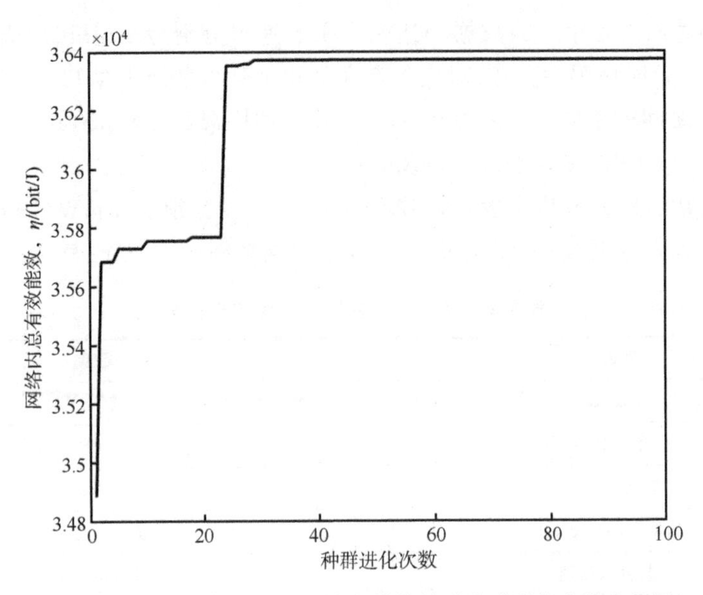

图 9-8　轮询调度网络内最大总有效能效随种群进化次数变化图

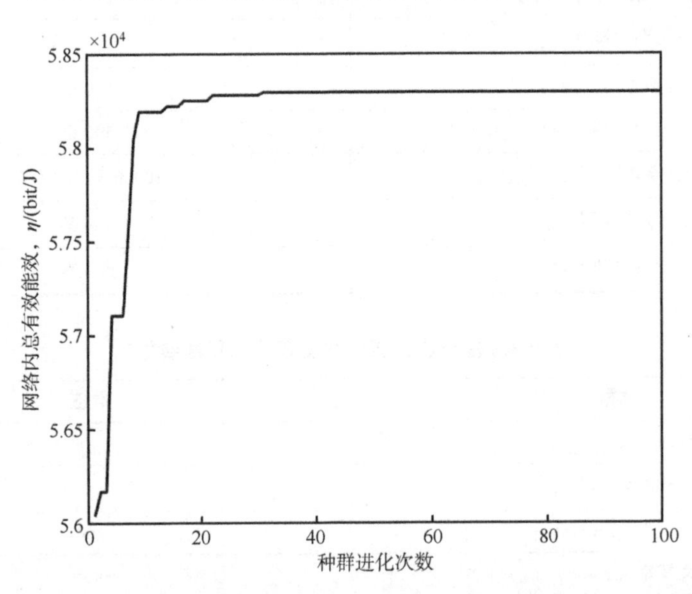

图 9-9　最大信干噪比调度网络内最大总有效能效随种群进化次数变化图

表 9-4　轮询调度小基站最优资源分配

P_1^*	P_2^*	最大总有效能效η_{max}
150.73 mW	100.00 mW	36 374.37 bit/J

表 9-5　轮询调度小基站最优资源分配

P_1^*	P_2^*	最大总有效能效η_{max}
100.00 mW	100.00 mW	58 293.55 bit/J

根据以上仿真图表所示结果可以发现，无论是在轮询或最大信干噪比调度下，随着种群不断进化，截至当前代获得的网络内最大总有效能效逐步增大，并且在种群进化代数到达

100 代之前，该最大有效能效值可以达到稳定收敛的结果。这一点可以验证使用精英选择法的本算法能够实现全局收敛的最优搜索。

与此同时，通过对比图 9-8、图 9-9 够得到，最大信干噪比调度在上述平均延时约束下能够实现的最大总有效能效约为 58 293.55 bit/J，比轮询调度下的 36 374.37 bit/J 高约60.3%。原因在于，最大信干噪比机制下小基站在各时隙内调度信道条件最佳的用户进行数据传输，可以获得下行多用户分集增益提升服务速率，从而降低各用户的平均延时。因此，相同网络环境下最大信干噪比可以满足更严苛的约束条件。

下一步，本小节将基于上述系统模型，继续分析轮询及最大信干噪比机制下网络内最大总有效能效与小基站平均延时约束之间的关系。具体实现方式为，首先假定小基站 2 不存在延时约束，在一定数值范围内不断调整小基站 1 内的平均延时约束；然后通过上述优化算法求解各条件下的网络内最大总有效能效；最终的仿真结果分别如图 9-10 和图 9-11所示。

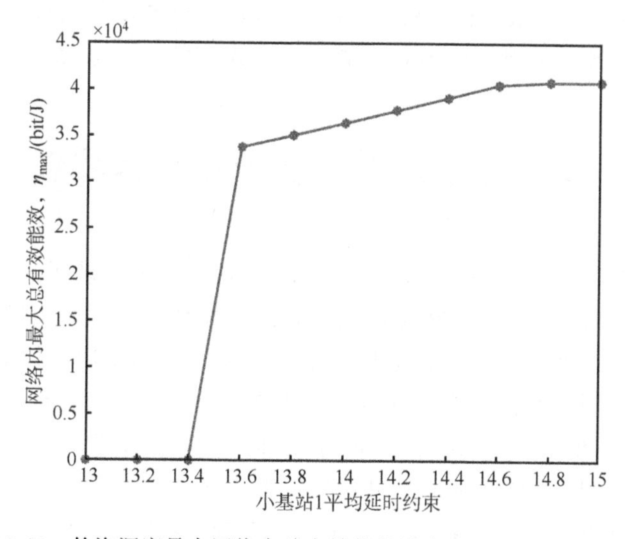

图 9-10　轮询调度最大网络内总有效能效随小基站延时约束变化图

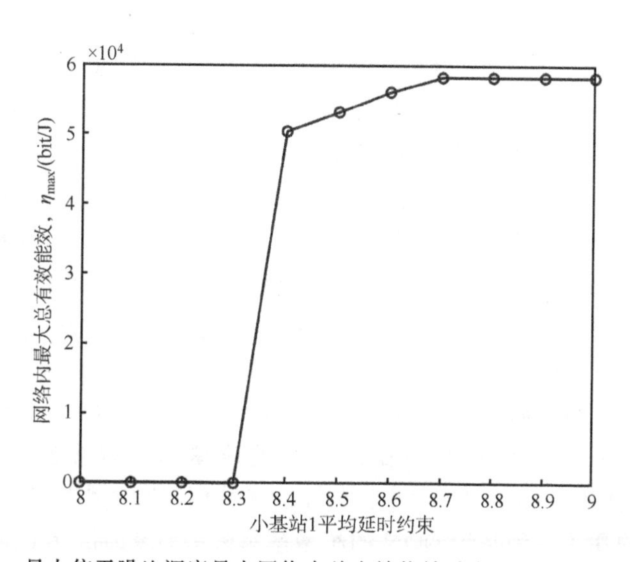

图 9-11　最大信干噪比调度最大网络内总有效能效随小基站延时约束变化图

根据本小节中分析可知，两种调度机制下小基站内平均延时性能差异较大。因此，为了清晰直观的体现最大总有效能效与平均延时之间的变化关系，图 9-10、图 9-11 所示的仿真结果中，两种调度机制下平均延时约束的数据范围取值不同。其中，图 9-10，假定轮询调度下小基站 1 的平均延时约束范围为 13 ms 至 15 ms：当延时约束小于 13.4 ms 时，因发送功率可能区间内均无法满足对应的延时约束，网络内最大总有效能效始终为 0；而当延时约束大于 14.8 ms 时，最大总有效能效始终在两小基站发送功率均取最小值 100 mW 时，取到固定值 40 834.09 bit/J。同样地，图 9-11 假定最大信干噪比下小基站 1 的平均延时约束范围为 8 ms 至 9 ms：当延时约束小于 8.3 ms 时，最大总有效能效始终为 0；当延时约束大于 8.7 ms 时，最大总有效能效始终在两小基站发送功率均取最小值100 mW 时，取到固定值 58 293.55 bit/J。

图 9-11 假定最大信干噪比下小基站 1 的平均延时约束范围为 8 ms 至 9 ms：当延时约束小于 8.3 ms 时，最大总有效能效始终为 0；当延时约束大于 8.7 ms 时，最大总有效能效始终在两小基站发送功率均取最小值 100 mW 时，取到固定值 58 293.55 bit/J。

9.4 移动边缘计算系统中的计算卸载研究

移动边缘计算（Mobile Edge Computing，MEC）是一种为移动用户提供计算资源的新技术[68]针对传统云计算能力不足，在移动用户附近的无线接入网络边缘提供云计算功能，通过将计算存储能力与业务服务能力向网络边缘迁移，尽可能不用将数据回传到云端，减少数据往返云端的等待时间和网络成本以满足快速交互响应的需求，提供普遍且灵活的计算服务。由于移动用户和 MEC 服务器之间的无线通信，这种技术引入了额外的任务延时。因此，在保证用户服务质量 QoS 的同时进行计算卸载是一个挑战。

马尔可夫决策过程（Markov Decision Processes，MDP）用来以马尔可夫（或半马尔可夫）过程作为数学模型，解决一类随机序贯决策问题。1950 年代由 Bellman[69] 和 Blackwell[70] 提出，1960 年代 Howard[71] Bellman[69] 人的工作为马尔可夫决策过程奠定了理论基础。基于马尔可夫决策过程的无线网络功率控制问题也取得了一定的研究，主要做法是将无线系统的功率控制建立为马尔可夫决策过程。Alsheikh 等人[72] 回顾了马尔可夫决策过程框架的众多应用，讨论并比较了各种解决方案方法，以作为在无线传感器网络中使用 MDP 的指南。Okamura[73] 虑集群系统中的最优功率感知设计，通过马尔可夫决策过程来制定动态功率管理问题，推导出最优控制策略的动态规划方程，并给出策略迭代算法以顺序确定最优控制策略。

考虑到马尔可夫决策过程是一个基于效用函数的寻找最优策略的过程，这与强化学习的思想是一致的。强化学习这个概念自 1954 年 Minsky 首次提出后，以马尔可夫决策过程等为理论基础，成了如今最受关注的研究热点。近些年来，基于马尔可夫决策过程与强化学习的功率控制方法不断被提出。Djonin 和 Krishnamurthy[74] 提出了一种新的基于 Q 学习的随机控制算法，用于 V-BLAST 传输系统中的速率和功率控制。Toumi 等人[75] H. Zhang[76] 采用了一种基于 Q 学习的功率控制算法来管理超密集小区网络的干扰。Chen 等人[77]、Lu 等人[78] 应用了一种基于 DQN 的小型基站密集部署的情况下抗干扰功率控制，以及提高无线网络能效的方法。

综上所述，马尔可夫决策过程作为最优化策略选择的基础理论，以此为指导的无线网络功率控制已取得了一定的研究。考虑到超密集组网下，未来用户服务需求的多元性，对系统吞吐量的高要求，以及系统状态的随机性增加，传统优化策略的高复杂度计算已经不能满足现阶段功率控制的快速响应需求。所以更加高效智能功率控制方法需要被提出。所以，本章采用一种低复杂度的次优化超密集组网功率控制方法，以期在延时等多约束的条件下快速实现网络容量的最大化。

9.5 基于有效容量的计算卸载

移动边缘计算(MEC)是一项新技术，可为移动用户提供计算资源。在 MEC 系统中，移动用户能够将一些计算任务卸载到 MEC 服务器(通常位于基站中)以减少能耗。由于移动用户和 MEC 服务器之间的无线通信，这种技术给任务带来了额外的延时。因此，在确保用户服务质量的同时执行计算分流是一个挑战。

根据有效容量模型，给出计算卸载策略。根据公式(3-11)，可以得到队列长度Q_m大于最大队列长度$Q_{\max}$的概率P_m。对于每个用户，本章的系统将按照概率P_m以传输功率$p_{o,m}$将计算任务$d_m^o(t)$卸载给 MEC 系统，按照概率 $1-P_m$ 以功率$p_{l,m}$在本地执行计算任务$d_m^l(t)$。下面给出本地和 MEC 的计算方式。

对于本地计算，重点在于计算延时和能耗。假设移动设备的 CPU 的频率为f_l。因此，任务$d_m^l(t)$的计算延时可以由公式(9-17)给出：

$$t_m^l=\frac{C_m^l}{f_l} \tag{9-17}$$

式中，C_m^l本地设备上计算任务m 的总 CPU 周期。此外，计算能耗也是衡量本地计算的一个重要指标。从文献[79,80]可知，当在低电压限制下工作时，CPU 的时钟频率与电压电源近似成线性比例。因此一个 CPU 周期的能耗可以由$\kappa\,(f_l)^2$给出，其中κ是与硬件结构相关的系数。基于上述结果，本地计算的能耗可通过公式(9-18)得出：

$$\varepsilon_m^l=\kappa\,(f_l)^2C_m^l \tag{9-18}$$

在公式(9-17)和 公式(9-18)中，可以观察到，如果用户希望具有较低的执行延时，则需要较高的 CPU 时钟频率，从而消耗更多的执行能量。实际上，移动设备的 CPU 时钟频率有限，因此无法解决计算密集型问题。否则，能量消耗会非常高，移动设备的电池消耗会非常快。因此，将计算密集型任务卸载到边缘云通常更有效。注意，与前面的工作[81]似，在本章中忽略了其他硬件组件(例如 RAM)的执行延时和能量消耗。

边缘计算 MEC 服务器通常配备有足够的计算资源，通常是高频多核 CPU。因此，由于计算输出量小，计算等待时间足够小，可以忽略，并且反馈延时也可以忽略。另外，本章考虑了具有延时约束的有效容量模型。与文献[82-84]等许多研究类似，忽略了边缘云将计算结果发送回用户的传输延时，因为计算结果的大小通常远小于卸载数据的大小。但是，可以传输的任务数据受到以下限制：

$$d_m^o(t)_{\text{limit}}=T_S\alpha_m^{(c)}(u^*,t) \tag{9-19}$$

能耗为

$$\varepsilon_m^o=p_{o,m}\frac{d_m^o(t)}{\alpha_m^{(c)}(u^*,t)} \tag{9-20}$$

9.6 基础强化学习

9.6.1 马尔可夫决策过程

马尔可夫决策过程(MDP)由一个代理(agent)和一个环境(E)、一组可能的状态(S)、一组可选动作(A)和奖励函数 $r:S\times A\rightarrow R$ 组成,其中代理不断迭代学习并通过与环境的相互作用以离散的时间步长做出决策。在每个时间步长 t 中,agent 观察环境的当前状态为 $s_t\in S$,并根据策略 π 选择一个动作$a_t\in A$ 并执行。之后,代理将收到一个由环境返回的奖励值$r_t=r(s_t,a_t)\in R$,并得到从当前状态s_t转移到下一状态$s_{t+1}\in S$ 的状态转移概率 $\Pr(s_{t+1}|s_t,a_t)$。因此,环境 E 的动态性由作为对当前状态下代理所采取的行动的响应的转移概率来确定,而代理的目标是找到使其获得的长期预期折扣回报最大化的最优策略,即

$$R_t=\sum_{i=t}^{T}\gamma^{i-t}r(s_i,a_i) \tag{9-21}$$

式中,$T\rightarrow\infty$是采取的时间步总数,$\gamma\in[0,1]$是折扣因子。决策策略 π 是当前状态到动作的概率分布的映射,即 $\pi:S\rightarrow\Pr(A)$。在策略 π 下,状态s_t处可获得的折扣收益期望定义为价值函数(value function)

$$V^{\pi}(s_t,a_t)=E[R_t|s_t] \tag{9-22}$$

且在某一状态采取某一作用后的折现收益期望为状态-动作函数(state-action function)

$$Q^{\pi}(s_t,a_t)=E[R_t|s_t,a_t] \tag{9-23}$$

在马尔可夫决策过程中,贝尔曼方程(Bellman Equation)用于表示值函数和状态-动作函数的递推关系

$$\begin{aligned}V^{\pi}(s_t)&=E[r(s_t,a_t)+\gamma V^{\pi}(s_{t+1})]\\Q^{\pi}(s_t,a_t)&=E[r(s_t,a_t)+\gamma E[Q^{\pi}(s_{t+1},a_{t+1})]]\end{aligned} \tag{9-24}$$

在最优决策策略π^*下,值函数的贝尔曼最优化方程改写为

$$V^*(s_t)=\max_{a\in\mathrm{A}}E[r(s_t,a_t)+\gamma V^*(s_{t+1})] \tag{9-25}$$

贝尔曼方程可以应用动态规划(DP)算法(如值迭代)在最优策略π^*下求解任意状态$s_t\in S$ 的最优值函数

$$V_{k+1}(s)=\max_{a\in\mathrm{A}}\sum_{s'}\Pr(s'|s,a)[r(s,a)+\gamma V_k(s')] \tag{9-26}$$

式中,k 是迭代次数。当解出最优值函数$V^*(s)$后,最优状态-动作函数可得

$$Q^*(s,a)=E[r(s,a)+\gamma V^*(s')] \tag{9-27}$$

最优策略π^*贪婪的选择最优动作

$$\pi^*(s)=\arg\max_{a\in\mathrm{A}}Q^*(s,a) \tag{9-28}$$

9.6.2 基础强化学习

在马尔可夫决策过程的基础上，强化学习（Reinforcement Learning，RL）算法可以在没有确定的环境模型的情况下求解出最优策略。在这种情况下，状态转移概率 $\Pr(s_{t+1} \mid s_t, a_t)$是未知的，甚至是非平稳的。因此，RL 代理将从与环境的实际交互中学习，并在得到某一动作的收益后调整其动作，从而使预期的折扣回报最大化。为此，作为蒙特卡罗方法（Monto Carlo）和动态规划（DP）方法的结合，时间差分（TD）方法应运而生，直接从原始经验中学习。注意，状态动作函数的 Bellman 最优性方程是

$$Q^*(s_t, a_t) = E[r(s_t, a_t) + \gamma \max_{a_{t+1}} Q^*(s_{t+1}, a_{t+1})] \tag{9-29}$$

传统的强化学习算法，如 Q-learning，每个 agent 通过不断的迭代学习使状态－动作函数收敛，迭代过程如下

$$Q(s_t, a_t) \leftarrow Q(s_t, a_t) + \alpha[r(s_t, a_t) + \gamma \max_{a_{t+1}} Q(s_{t+1}, a_{t+1}) - Q(s_t, a_t)] \tag{9-30}$$

式中，α 是学习效率，$\delta_t = r(s_t, a_t) + \gamma \max_{a_{t+1}} Q(s_{t+1}, a_{t+1}) - Q(s_t, a_t)$是时间差分误差。在 Q-learning 算法中，状态-动作函数也称为 Q-值，Q-值被存放在 Q 值表中，每一个状态-动作对对应 Q 值表中的一个值。Q-learning 是离线学习策略，因为它直接逼近最优 Q-值，并且状态转换与正在学习的政策无关。利用通过学习估计的最优状态动作函数，可以很容易地得到最优策略π^*。

由于环境的动态性，状态空间比较大，而且每个代理的 Q 值表不相同。如果用一个具有固定大小的大型 Q 值表，那么计算复杂性会很高。因此，动态修改 Q 值表，即有新状态时，此状态将自动添加到状态集，不需要为每个代理自定义 Q 表。此外，还可以提高搜索效率并提高存储空间利用率。但也意味着 Q 值表需要很长时间才能收玫，因为当一个新的状态出现时，网络需要重新训练。

9.6.3 深度强化学习

由于深度神经网络（DNN）能够很好地进行函数近似，深度强化学习（DRL）算法对强化学习问题进行低维表示，有效地解决了维数灾难。如图 9-12 所示，与 Q-learning 算法相比，DQN 算法有以下改进：

（1）DQN 通过深度神经网络实现了利用由 θ 参数化的 DNN 来近似 Q 值 $Q(s, a)$；

（2）DQN 利用经验回放训练强化学习的学习过程；

（3）DQN 设置了目标网络（target network）来处理时序差分中的偏差。

目标网络的引入缓解了迭代学习过程中的数据波动。在 Q-learning 中，Q 值表的更新方式是通过当前状态的 Q 值和下一时刻估计的 Q 值进行差分更新，由于数据的不稳定性，每轮迭代都会产生波动，从而影响下一个迭代轮次，使得 Q 值表很难稳定收敛。为了解决这一问题，引入了目标网络，训练过程如下：

（1）在训练开始时，目标网络和估计网络（behavior network）有完全相同的参数。

（2）在训练过程中，估计网络与环境交互，得到环境状态。

（3）在学习过程中，有目标网络得到当前状态的回报，即 Q-learning 中的 Q 值。然后与估计网络的估计值进行比较，并更新估计网络。

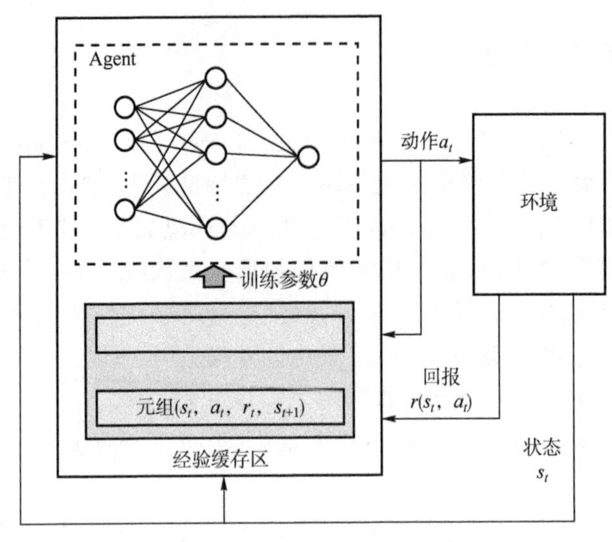

图 9-12 DQN 算法框架[85]

当训练完成特定的轮次时，目标网络的参数将于估计网络的参数同步。估计网络训练的损失函数定义为

$$L(\theta)=E[(r+\gamma \max_{a\in A}Q(s',a'|\theta')-Q(s,a|\theta))^2] \tag{9-31}$$

神经网络的参数更新方法采用梯度下降法：

$$\theta \leftarrow \theta-\alpha\cdot\nabla_\theta L(\theta) \tag{9-32}$$

式中，α 是学习效率，$\nabla_\theta L(\theta)$是损失函数的梯度。

虽然 DQN 已经成功地解决了高维状态空间中的问题，但只能处理离散的和低维的动作空间。为了将 DRL 算法扩展到连续动作空间，确定性策略梯度(DDPG)算法在[86]中被提出，如图 9-13 所示。DDPG 算法采用了演员-评论家(actor-critic)结构，即使用两个独立的神经网络，Q 值网络用来近似评价函数或 Q 值函数 $Q(s,a|\theta^Q)$，策略网络用来近似动作策略函数 $\mu(s|\theta^\mu)$。其中，评价函数 $Q(s,a|\theta^Q)$与 DQN 相似，参数更新方式如公式(9-32)。另外，动作策略函数 $\mu(s|\theta^\mu)$将状态映射为一个具体的连续的动作。

动作策略网络的参数更新方式是

$$\theta^\mu \leftarrow \theta^\mu-\alpha_\mu\nabla_{\theta_\mu}\mu \tag{9-33}$$

式中，$\nabla_{\theta_\mu}\mu$ 是策略梯度，具体表达如下：

$$\begin{aligned}\nabla_{\theta_\mu}\mu &\approx E_{\mu'}[\nabla_{\theta_\mu}Q(s,a|\theta^Q)|_{s=s_t,a=\mu(s_t|\theta_\mu)}]\\&=E_{\mu'}[\nabla_a Q(s,a|\theta^Q)|_{s=s_t,a=\mu(s_t)}\nabla_{\theta_\mu}\mu(s|\theta^\mu)|_{s=s_t}]\end{aligned} \tag{9-34}$$

评价网络的参数更新方式是

$$\theta^Q \leftarrow \theta^Q-\alpha_Q\nabla_{\theta_Q}L(\theta^Q) \tag{9-35}$$

式中，损失函数$\nabla_{\theta_Q}L(\theta^Q)$是损失函数 $L(\theta^Q)$的梯度，且

$$\begin{aligned}L(\theta^Q)&=E_\mu[(Q(s_t,a_t|\theta^Q)-y_t)^2]\\y_t&=r(s_t,a_t)+\gamma Q(s_{t+1},\mu(s_{t+1})|\theta^Q)\end{aligned} \tag{9-36}$$

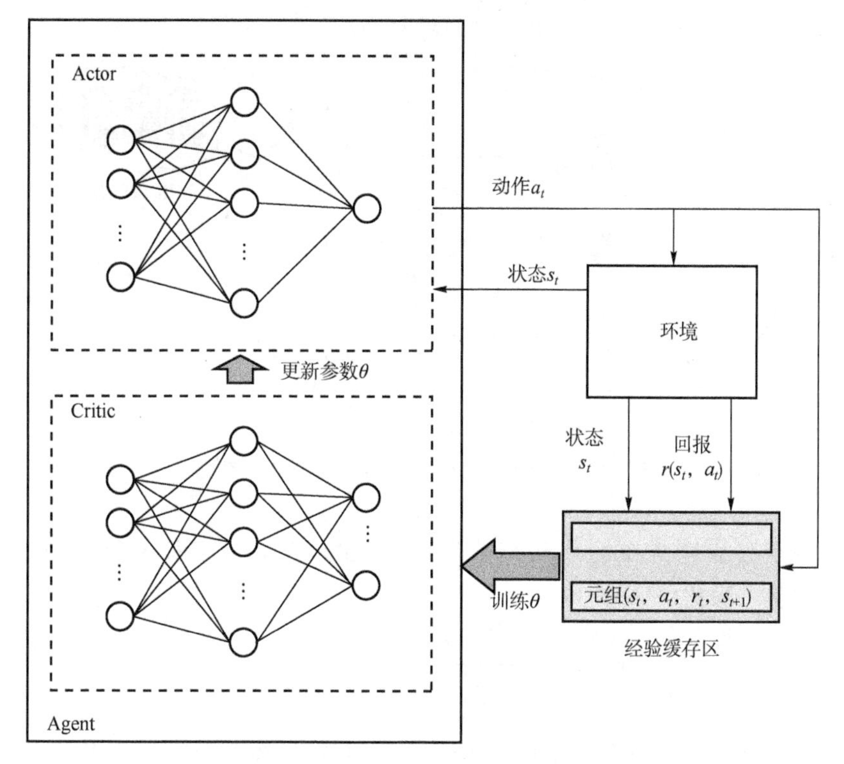

图 9-13 DDPG 算法结构图[85]

9.6.4 MEC 中基于有效容量和强化学习的联合功率控制和计算卸载

在本节中,将有效容量模型应用于对 MEC 系统的排队延时进行了分析,并提出了一种改进的方法计算卸载策略。在提出的卸载策略下,本节还将 DRL 算法应用于功率控制以最小化计算开销,同时保证服务质量。

9.6.5 系统模型

1. 系统模型概述

考虑一个超密集的多用户多基站的 MEC 系统,它由一组基站、一个 MEC 服务器和一组移动用户 $M=1,2,\cdots,M$ 组成,如图 9-14 所示。在超密集网络中,基站通过X_n接口相互连接。每个用户 $m\in M$ 都有计算密集型任务要完成,假设任务的包长度与执行时间成正比。当用户向基站传输数据时,会对其他用户造成干扰。在这个系统中,一些任务将在本地执行,记为$d_m^l(t)$,而另一些任务将被卸载到 MEC 服务器并执行,记为 $d_m^o(t)$。将本地执行功率和卸载传输功率分别表示为$p_{l,m}$和$p_{o,m}$,这两个功率将直接影响系统的能耗和干扰,并且卸载传输功率是影响无线信道传输延时的重要因素。移动设备的总功率是

$$p_m=p_{l,m}+p_{o,m},p_m\in[0,p_{\max}] \tag{9-37}$$

且总的功率向量为

$$p=\{p_1,p_2,\cdots,p_m\} \tag{9-38}$$

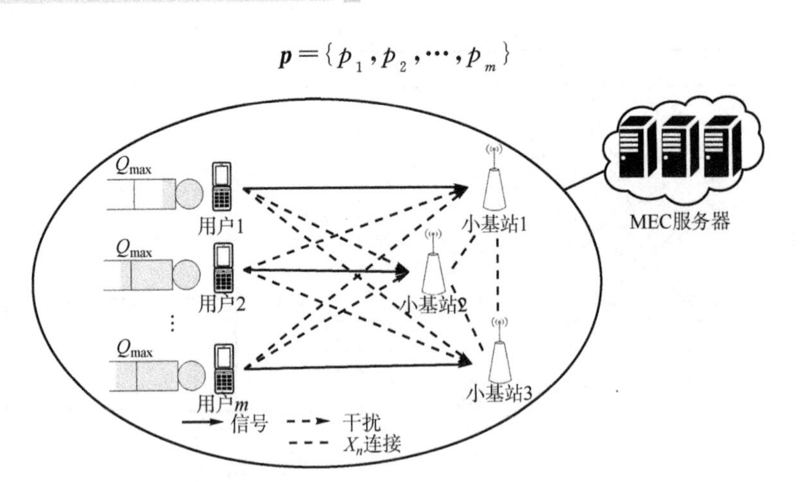

图 9-14　超密集的多用户多基站的 MEC 系统

假设信道是一个独立同分布的瑞利衰落信道，且在时隙 t 对于每个用户的信道增益为 $g_m(t)$，相应的信干噪比(SINR)为

$$\gamma_m(t)=\frac{p_m(t)g_m(t)}{\sum\limits_{i\in M,i\neq m}p_i(t)g_i(t)+\sigma^2} \tag{9-39}$$

式中，$\sum\limits_{i\in M,i\neq m}p_i(t)g_i(t)$ 是对于用户 m 的干扰，σ^2 是加性高斯白噪声(AWGN)。此外，由于信道为独立同分布信道，那么有效容量可改写为

$$\begin{aligned}a_m^{(c)}(u_m)&=-\lim_{t\to\infty}\frac{1}{u_m t}\log E[\exp(-u\,S_m(t))]\\&=-\lim_{t\to\infty}\frac{1}{u_m t}\log E\left[\exp\left(-u_m\sum_{i=0}^{t}r_m[i]\right)\right]\\&=-\frac{1}{u_m T_S}\log E[\exp(-u_m r_m T_S)]\end{aligned} \tag{9-40}$$

式中，T_S是时隙长度，$r_m[i]$是时隙 i 的最大瞬时传输速率，且$r_m=B\log(1+\gamma_m)$。当求解出(9-5)中的u^*后，结合计算卸载方案，可得到如下优化问题

$$\begin{aligned}&\operatorname{argmax}\sum_{m=1}^{M}(-w_{m,1}t_m^l-w_{m,2}(\varepsilon_m^l+\varepsilon_m^o)+w_{m,3}\alpha_m^{(c)}(u^*))\\&\text{并使得}\quad C_1:0\leqslant p_m\leqslant p_{\max},\forall m\\&\qquad\qquad C_2:Q_m\leqslant Q_{\max},\forall m\end{aligned} \tag{9-41}$$

式中，$w_{m,i}(i=1,2,3)$不同优化目标的权重，$p_{\max}$是传输功率的最大限制。这种联合优化问题是一个非线性规划问题，求解起来非常具有挑战性。因此，利用 DRL 方法来解决该联合优化问题。

2. DDPG 算法框架

下面将介绍 DDPG 框架，同时给出了状态空间、动作空间和奖励函数的定义。

状态空间。对系统的完整观察包括所有用户的信道增益和任务缓冲区的队列长度。每个用户将独立于其他用户代理选择一个操作。因此，状态可以定义为

$$S_{m,t}=(Q_m(t),G_m(t)) \tag{9-42}$$

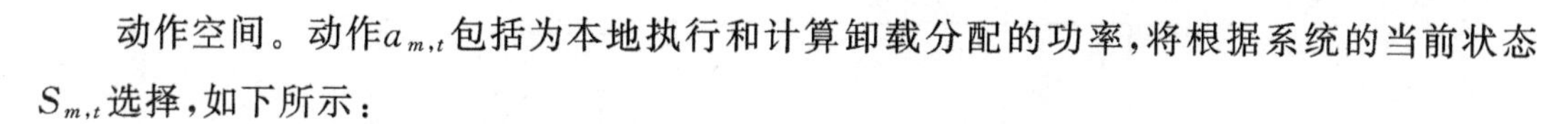

动作空间。动作$a_{m,t}$包括为本地执行和计算卸载分配的功率，将根据系统的当前状态$S_{m,t}$选择，如下所示：

$$a_{m,t}=(p_m^l(t),p_m^o(t)) \tag{9-43}$$

通过应用DDPG算法，actor网络直接输出一个确定的连续动作。

奖励函数。每个用户代理的总奖励将按总能耗、任务缓冲时延惩罚和有效容量计算。根据Little定理，任务缓冲区的平均队列长度与缓冲延时成正比。本章定义了每个用户代理接收的回报函数

$$r_{m,t}=-w_{m,1}(p_m^l(t)+p_m^o(t))-w_{m,2}Q_m(t)+w_{m,3}r_{ec} \tag{9-44}$$

式中，$r_{ec}=(1-\exp(-\alpha_m^{(c)}(u^*,t)))$是有效容量的一个度量方法，$w_{m,1}$、$w_{m,2}$和$w_{m,3}$分别为瞬时总功耗、任务缓冲区队列长度和有效容量的权值。

9.6.6 仿真结果与分析

在这一节中，将模拟一个MEC系统，并分析在MEC系统中的动态计算卸载和传输功率控制的性能，参数设置参考[82]在该MEC系统中，以$T_S=1$ ms为时隙。对于无线信道，每个移动用户的信道增益将被初始化为$g_m(0)\sim N(0,g_0(d_0/d_m)^\alpha)$，其中路径损耗常数$g_0=-30$ dB，距离$d_0=1$ m，路径损耗指数$\alpha=3$，d_m是用户m到基站的距离，单位为米。系统带宽设为$B=1$ MHz，噪声功率为$\sigma^2=10^{-9}$ W。对于移动设备，假设允许的最大CPU工作频率为$f_1=1.26$ GHz，最大传输功率$p_{\max}^o$和最大本地执行功率$p_{\max}^l$均为2 W。

首先考虑一个单用户场景，任务到达率λ从1.0 Mbit/s到6.0 Mbit/s不等。移动用户和基站之间的距离是一个随机值，分布在0～100 m之间。然后，考虑一个具有不同权重设置的多用户场景。本节还分析了队列长度对系统的影响。分析结果如下：

对于单用户系统，平均回报、平均传输功率和平均延时如图9-15～图9-17所示。很明显，本章提出的计算卸载策略带来了更好的收益，即更高的平均回报。更低的平均功率和更低的平均延时。同时，基于提出的计算卸载策略，采用DQN和DDPG算法进行整体网络的功率控制，实验结果表明采用DDPG算法能够得到更高的平均回报。从仿真结果中还可以直观地发现，对于使用DDPG和DQN算法的计算卸载和功率控制策略，平均传输功率低于直接本地计算和直接计算卸载策略，平均延时也是如此。另外，对于较低的计算负载，这两种方法之间的差异不大，因为计算任务较少不会对移动用户的QoS产生很大影响。相反，较高的计算负载增加了不同算法之间的差异，有效的卸载策略将提高移动用户的QoS。

此外，DDPG算法的性能优于DQN算法。这是因为该场景下处理的动作空间是连续的，而DQN用于处理离散的动作空间。动作空间划分的粒度将影响DQN算法的质量。但动作空间的划分越细，DQN就越复杂变成。这一特点可能是造成DQN算法结果与其他策略结果产生交叉的重要原因。但是采用确定性策略的DDPG算法不需要考虑这一问题。

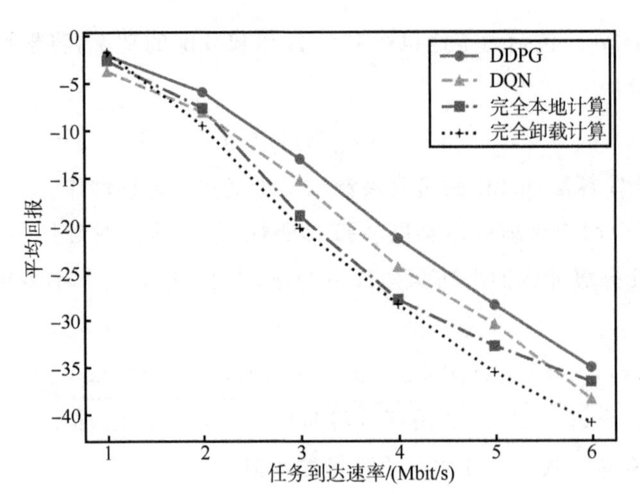

图 9-15　单用户系统的平均回报

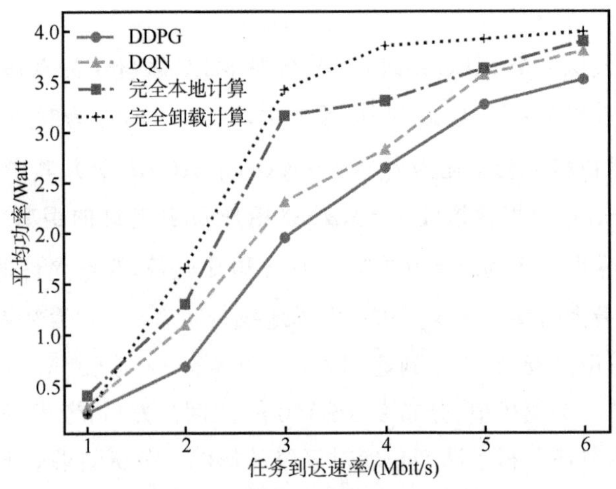

图 9-16　单用户系统的平均功率

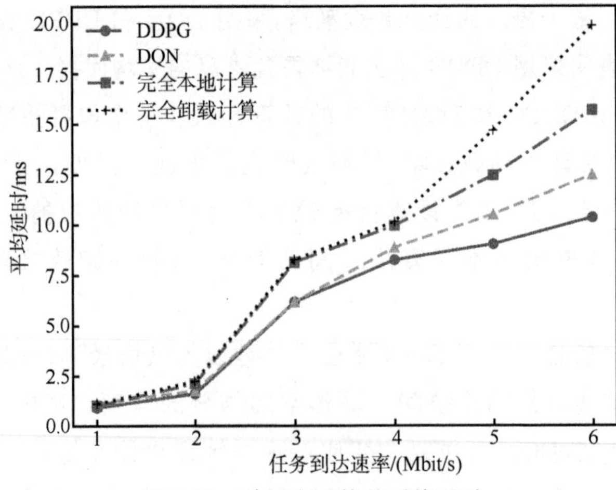

图 9-17　单用户系统的平均延时

对于多用户系统，MEC系统中有3个移动用户，其任务到达率为$\lambda_m = m \times 1.0$ Mbit/s，$m \in 1,2,3$。不同权重设置的结果如表9-5～表9-7所示，其中包括所有移动用户的平均奖励、平均功耗和平均缓冲延时。

表9-5 多用户仿真结果，权重设置为$w_{m,1}=0.2, w_{m,2}=0.4, w_{m,3}=0.4$

多用户仿真结果，权重设置为$w_{m,1}=0.2, w_{m,2}=0.4, w_{m,3}=0.4$									
方法	平均回报			平均功率			平均延时		
	用户1	用户2	用户3	用户1	用户2	用户3	用户1	用户2	用户3
DDPG	−1.821	−3.906	−8.456	0.362	0.860	2.597	1.144	2.592	3.955
DQN	−4.050	−5.650	−10.60	0.459	1.326	1.852	1.098	3.240	8.494
完全本地	−1.651	−9.440	−20.25	0.219	1.665	3.423	1.110	2.232	6.262
完全卸载	−2.539	−7.589	−18.91	0.406	1.307	3.168	1.011	2.109	6.138

表9-6 多用户仿真结果，权重设置为$w_{m,1}=0.5, w_{m,2}=0.25, w_{m,3}=0.25$

多用户仿真结果，权重设置为$w_{m,1}=0.5, w_{m,2}=0.25, w_{m,3}=0.25$									
方法	平均回报			平均功率			平均延时		
	用户1	用户2	用户3	用户1	用户2	用户3	用户1	用户2	用户3
DDPG	−1.970	−5.878	−12.95	0.227	0.686	1.963	1.624	4.870	6.270
DQN	−3.665	−7.985	−15.23	0.465	1.101	1.721	2.392	3.237	13.078
完全本地	−1.651	−9.440	−20.25	0.219	1.665	3.423	1.110	2.232	6.262
完全卸载	−2.539	−7.589	−18.91	0.406	1.307	3.168	1.011	2.109	6.138

表9-7 多用户仿真结果，权重设置为$w_{m,1}=0.8, w_{m,2}=0.1, w_{m,3}=0.1$

多用户仿真结果，权重设置为$w_{m,1}=0.8, w_{m,2}=0.1, w_{m,3}=0.1$									
方法	平均回报			平均功率			平均延时		
	用户1	用户2	用户3	用户1	用户2	用户3	用户1	用户2	用户3
DDPG	−1.914	−7.289	−16.99	0.160	0.638	2.241	1.652	7.592	10.084
DQN	−5.968	−12.90	−18.27	0.736	1.031	1.701	3.125	10.19	24.427
完全本地	−1.651	−9.440	−20.25	0.219	1.665	3.423	1.110	2.232	6.262
完全卸载	−2.539	−7.589	−18.91	0.406	1.307	3.168	1.011	2.109	6.138

从表中可以看出，除用户1外，DDPG算法的平均回报优于其他方法。然而，DQN算法并没有取得较极端卸载策略更好的效果。一个原因已经提到，另一个原因是模型训练方法需要改进。对于平均延时，DRL算法的结果并不比极端卸载策略好，但平均功率较低。两者的平衡使得DRL算法的平均回报更高。因此，通过设置不同的权重，可以平衡能耗与延时之间的矛盾，从而得到整体的改善。另外，在奖励函数中，增加队列长度的权重相当于减少最大队列长度限制。从表中可以看出，延时相应减少。这是因为最大队列长度的减少将增加计算卸载的概率，更多的计算任务将在MEC服务器上完成，减少任务完成延时。但是如果过多地减少最大队列长度并不一定会取得更低的延时。比如考虑极端情况，当最大队

列长度足够短使得所有计算任务都被卸载到 MEC 服务器，则变成了极端的卸载策略，而延时表明这种极端的卸载策略最终效果不如本章提出的计算卸载策略。此外，对于优化目标权重的调整也对仿真结果有明显影响。以$w_{m,1}$为例，将$w_{m,1}$取 0.2、0.4、0.8 不同数值，随着权重的增大，对于大功率的惩罚将越来越严重，所以会得到越来越低的平均功率。同理，另外两个权重亦是如此。

9.7 本章小结

本章节深入探讨了结合网络演算和机器学习，特别是遗传算法和强化学习，来分析和优化能效的策略。首先，章节介绍了如何在非连续发送机制下实现有效能效，并构建了平均延时约束下的资源分配问题。然后，通过遗传算法的最优资源分配，详细介绍了算法设计、编码、种群初始化、适应度评估、选择操作、交叉操作和变异操作等关键步骤，为实现能效最优化提供了一种新的方法。

在仿真分析部分，通过详细的仿真模型和参数设置，验证了遗传算法在资源分配中的有效性和实用性。仿真结果分析进一步确认了所提方法对改善系统能效的贡献。

章节的后半部分专注于移动边缘计算系统(MEC)中的计算卸载研究。它探讨了基于有效容量的计算卸载策略，以及强化学习，特别是深度强化学习(如 DDPG 算法)，在 MEC 环境中的应用。通过这些高级技术，能够在 MEC 系统中实现联合功率控制和计算卸载的优化。

最后，通过仿真结果与分析，本章节展示了强化学习在动态和不确定环境中为能效优化和计算卸载提供有效决策的能力。

综上所述，本章节不仅为网络能效优化提供了一种结合网络演算和先进机器学习技术的新途径，而且通过仿真验证了这些方法在实际应用中的有效性，对未来能源受限的无线通信系统和移动边缘计算的发展具有重要的指导意义。

参考文献

[1] Eun D Y, Shroff N B. A measurement-analytic approach for QoS estimation in a network based on the dominant time scale[J].IEEE/ACM Trans.Networking, 2003, 11(41):222-235.

[2] Ferrari D. Client requirements for real-time communication services [J]. IEEE Commun, 1990, 28(42):65-72.

[3] Cruz R L.Quality of service guarantees in virtual circuit switched networks[J].IEEE J.Sel.Areas Commun, 1995, 13(30):1048-1056.

[4] Chang C S. Performance guarantees in communication networks[M]. New York: Springer London, 2000.

[5] LeBoudec J Y, Charny A. Packet scale rate guarantee for non-fifo nodes[J]. IEEE/ACM Trans.Networking, 2003, 11(91):810-820.

[6] Cui S, et al, Energy-constrained modulation optimization[J]. IEEE Trans. Wireless Commun, 2005, 4(47):2349-2360.

[7] Baccelli F, et al. Synchronization and linearity: An algebra for discrete event systems [M].New York: Wiley, 1992.

[8] Cruz R L. A calculus for network delay. I. Network elements in isolation[J]. IEEE Trans.Inf.Theory, 1991.37(28):114-131.

[9] Cruz R L. A calculus for network delay. II. Network analysis[J]. IEEE Trans. Inf. Theory, 1991, 37(29)132-141.

[10] Xie L L, Kumar P R.On the path-loss attenuation regime for positive cost and linear scaling of transport capacity in wireless networks[J].IEEE Trans.Inf.Theory, 2006, 52(137):2313-2328.

[11] Chang C S. Stability, queue length, and delay of deterministic and stochastic queueing networks[J].IEEE Trans.Autom.Control, 1994, 39(15):913-931.

[12] Chang C S, et al. Effective bandwidth and fast simulation of ATM intree networks [J].Perform.Evaluation, 1994, 20(44):45-65.

[13] Chang C S, et al. Guaranteed quality-of-service wireless access to ATM networks [J].IEEE J.Sel.Areas Commun, 1997.15(30):106-118.

[14] Wu D, Negt R. Effective capacity: A wireless link model for support of quality of service[J].IEEE Trans.Wireless Commun, 2003, 24(133):630-643.

[15] Li Q, et al. Cross-layer framework for capacity analysis in multiuser ultra-dense networks with cell DTx[J].China Commun,2019,16(43):106-121.

[16] Wang Q,et al. Effective capacity of a correlated rayleigh fading channel[J].Wireless Communications and Mobile Computing,2011,11(48):1485-1494.

[17] Gu Y, et al, Effective capacity analysis in ultra-dense wireless networks with random interference[J].IEEE Access,2018,6(82):19499-19508.

[18] Xu J, et al. Use of two-mode transceiver circuitry and its cross-layer energy efficiency analysis[J].IEEE Commun.Lett,2017,21(38):2065-2068 .

[19] Chen Y,Darwazeh I.An accurate approximation of delay with nakagami-m channels and exponential arrivals [C]. in 2015 IEEE global communications conference (GLOBECOM),IEEE,2015.

[20] Chen Y,Darwazeh I.A close approximation of the nonempty buffer probability over nakagami-fading channels[J].IEEE Commun.Lett,2015,19(40):1121-1124.

[21] Chen Y, et al. End-to-end delay distributions in wireless tele-ultrasonography medical systems [C]. in 2013 IEEE global communications conference (GLOBECOM),IEEE,2013.

[22] Chen Y,et al. A cross-layer analytical model of end-to-end delay performance for wireless multi-hop environments [C]. in 2010 IEEE global telecommunications conference GLOBECOM 2010,IEEE,2010:1-6.

[23] Ozcan G,Gursoy M C. Optimal power control for fading channels with arbitrary input distributions and delay-sensitive traffic[J]. IEEE Trans. Commun, 2018, 66 (79):4333-4344,.

[24] Chen Y, et al. Energy-efficient wireless system within average delay and with mixed-erlang-distributed data[J].IEEE Wireless Communications Letters,2023,12 (7):1239-1243.

[25] Li Y,et al. Energy efficiency and spectral efficiency tradeoff in interference-limited wireless networks[J].IEEE Commun.Lett,2013,17(26):1924-1927.

[26] Wu D, Negi R. Effective capacity-based quality of service measures for wireless networks[J].Mobile Networks and Applications,2006,11(34):91-99.

[27] Bazzi A,et al. Multiradio resource management: Parallel transmission for higher throughput? [J].EURASIP Journal on Advances in Signal Processing,2008(52): 1-9.

[28] Tang J, Zhang X,Quality-of-service driven power and rate adaptation over wireless links[J].IEEE Trans.Wireless Commun,2007,6(31):3058-3068.

[29] Yu W,et al. Tradeoff analysis and joint optimization of link-layer energy efficiency and effective capacity toward green communications [J]. IEEE Trans. Wireless Commun,2016,15(83):3339-3353.

[30] Helmy A, Le-Ngoc T. Low-complexity QoS-aware frequency provisioning in downlink multi-user multicarrier systems [C]. in 2014 IEEE wireless

communications and networking conference(WCNC),IEEE,2014:1785-1790.

[31] Xu J.et al. Use of two-mode circuitry and optimal energy efficient power control under target delay-outage constraints[C].in 2017 IEEE 28th annual international symposium on personal, indoor, and mobile radio communications (PIMRC), IEEE,2017.

[32] Liang X,et al. Effective energy efficiency analysis for multiple data sources[C].in 2018 24th asia-pacific conference on communications(APCC),IEEE,2018:374-380.

[33] Shortle J F, et al. Fundamentals of queueing theory[M]. vol. 399. John Wiley & Sons,2018.

[34] Simon M K, Alouini M. A unified approach to the performance analysis of digital communication over generalized fading channels[J]. Proc. IEEE, 1998, 86(65): 1860-1877.

[35] Liu J, et al. Joint channel and queue aware scheduling for wireless links with multiple fading states,in 2015 IEEE/CIC int.Conf.commun,China,ICCC,2015:1-6.

[36] Soret B, et al. Capacity with explicit delay guarantees for generic sources over correlated rayleigh channel[J]. IEEE Trans. Wireless Commun, 2010, 9(64): 1901-1911.

[37] D E,S J.4G LTE/LTE-advance for mobile broadband[M].2rd ed.Oxford:Elsevier, 2014:44-45.

[38] Perez J,et al. Exact closed-form expressions for the sum capacity and individual users' rates in broadcast ergodic rayleigh fading channels[C].in 2007 IEEE 8th workshop on signal processing advances in wireless communications,2007:1-5.

[39] Musavian L,Le-Ngoc T.Energy-efficient power allocation over nakagami-m fading channels under delay-outage constraints[J].IEEE Trans.Wireless Commun,2014, 13(37):4081-4091.

[40] Cheng W,et al. Statistical-QoS driven energy-efficiency optimization over green 5G mobile wireless networks[J].IEEE J.Sel.Areas Commun,2016,34(26):1.

[41] 3GPP.TR 136.931 V9.0.0:Radio frequeuency(RF)system scenarios(release 13)[J]. 3rd Gener.Partnersh.Proj.TR,2016,13(62):1-84.

[42] Thompson K,et al. Wide-area internet traffic patterns and characteristics[J].IEEE Network,1997,11(6):10-23.

[43] Musavian L, Ni Q. Effective capacity maximization with statistical delay and effective energy efficiency requirements[J].IEEE Trans.Wireless Commun,2015,14(38):3824-3835.

[44] MiaoG, et al. Energy efficient design in wireless OFDMA[C]. in 2008 IEEE international conference on communications,IEEE,2008:3307-3312.

[45] Younes M, Louet Y. Joint optimization of energy consumption and spectral efficiency for 5G/6G point-to-point networks[C].in 2022 3rd URSI atlantic and asia pacific radio science meeting(AT-AP-RASC),IEEE,May 2022:1-4.

[46] Dai L, et al. Non-orthogonal multiple access for 5G: Solutions, challenges, opportunities, and future research trends[J]. IEEE Commun. Mag, 2015, 53(43): 74-81.

[47] Chang H L, et al. Optimistic DRX for machine-type communications[C]. in 2016 IEEE international conference on communications(ICC), IEEE, 2016: 1-6.

[48] Cai W, et al. Power allocation scheme and spectral efficiency analysis for downlink non-orthogonal multiple access systems[J]. IET Signal Proc, 2017, 11(45): 537-543.

[49] Yu W, et al. Link-layer capacity of NOMA under statistical delay QoS guarantees [J]. IEEE Trans. Commun, 2018, 66(40): 4907-4922.

[50] T K A, et al. Device power saving and latency optimization in LTE-a networks through DRX configuration[J]. IEEE Trans. Wireless Commun, 2014, 13(16): 2614-2625.

[51] Boyd S, Vandenberghe L. Convex optimization[J]. Optim. Methods Softw, 2010, 25 (54).

[52] Liu Y, et al. Performance analysis of adjustable discontinuous reception (DRX) mechanism in LTE network[C]. in 2014 23rd wireless and optical communication conference(WOCC), IEEE, 2014.

[53] You F, et al. Dinkelbach's algorithm as an efficient method to solve a class of MINLP models for large-scale cyclic scheduling problems[J]. Computers & Chemical Engineering, 2009, 33(56): 1879-1889.

[54] Chang P, Miao G. Energy and spectral efficiency of cellular networks with discontinuous transmission[J]. IEEE Trans. Wireless Commun, 2017, 16(29): 2991-3002.

[55] Zheng J, et al. Optimal power control in ultra-dense small cell networks: A game-theoretic approach[J]. IEEE Trans. Wireless Commun, 2017, 16(55): 4139-4150.

[56] Yagmur N, B B. Alagoz, Comparision of solutions of numerical gradient descent method and continous time gradient descent dynamics and lyapunov stability[C]. in 2019 27th signal processing and communications applications conference(SIU), IEEE, 2019: 1-4.

[57] Kim S Y, et al. Sum-rate maximization for multicell OFDMA systems[J]. IEEE Trans. Veh. Technol, 2015, 64(57): 4158-4169.

[58] Ho C Y, Huang C Y. Non-cooperative multi-cell resource allocation and modulation adaptation for maximizing energy efficiency in uplink OFDMA cellular networks [J]. IEEE Wireless Communications Letters, 2012, 1(58): 420-423.

[59] Ding X, et al. Efficient and fair rate allocation scheme for multi-user over heterogeneous wireless access networks[C]. in Proceedings of the 5th international ICST conference on communications and networking in china, IEEE, 2010: 1-5.

[60] Liu F, et al. An OFDM multi-user spectrum resource allocation algorithm based on joint access mechanism[C]. in 2018 IEEE 9th international conference on software

engineering and service science(ICSESS),IEEE,2018:589-592.

[61] Wu X,et al. Joint user grouping and resource allocation for multi-user dual layer beamforming in LTE-a[J].IEEE Commun.Lett,2015,19(61):1822-1825.

[62] Bedeer E, et al. A systematic approach to jointly optimize rate and power consumption for OFDM systems[J]. IEEE Trans. Mob. Comput, 2016, 15 (89): 1305-1317.

[63] Arabali A, et al. Genetic-algorithm-based optimization approach for energy management[J].IEEE Trans.Power Delivery,2013,28(91):162-170.

[64] Zhang L, et al. Equal-width partitioning roulette wheel selection in genetic algorithm[C]. in 2012 conference on technologies and applications of artificial intelligence,IEEE,2012:62-67.

[65] G K,I K.Advances in artificial life[M].Berlin:Springer,2009.

[66] Tang K Z,et al. An improved genetic algorithm based on a novel selection strategy for nonlinear programming problems[J].Computers & Chemical Engineering, 2011,35(95):615-621.

[67] Bakirli G,et al. An incremental genetic algorithm for classification and sensitivity analysis of its parameters[J].Expert Syst.Appl,2011,38(96):2609-2620.

[68] Corcoran P, Datta S K. Mobile-edge computing and the internet of things for consumers:Extending cloud computing and services to the edge of the network[J]. IEEE Consumer Electronics Magazine,2016,5(33):73-74.

[69] RBellman.Dynamic programming[M].Princeton:Princeton University,1953.

[70] Blackwell D. Discrete dynamic programming [J]. The Annals of Mathematical Statistics,1962,33(46):719-726.

[71] RAHoward,Dynamic programming and markov processes[M].Cambridge: MIT, 1960.

[72] Abu Alsheikh M, et al. Markov decision processes with applications in wireless sensor networks: A survey[J].IEEE Communications Surveys & Tutorials, 2015,17(50):1239-1267.

[73] Okamura H,et al. Optimal power-aware design in a cluster system markov decision process approach,in 2015 IEEE 12th intl conf on ubiquitous intelligence,2015.

[74] Djonin D V, Krishnamurthy V. Q-learning algorithms for constrained markov decision processes with randomized monotone policies: Application to MIMO transmission control[J].IEEE Trans.Signal Process,2007,55(55):2170-2181.

[75] Toumi S, et al. An adaptive q-learning approach to power control for D2D communications[C]. in 2018 international conference on advanced systems and electric technologies(IC_ASET),IEEE,2018:206-209.

[76] Zhang H,et al. Reinforcement learning-based interference control for ultra-dense small cells[C]. in 2018 IEEE global communications conference(GLOBECOM), 2018:1-6.

[77] Chen Y, et al. DQN-based power control for IoT transmission against jamming[C]. in 2018 IEEE 87th vehicular technology conference(VTC spring), IEEE, 2018: 1-5.

[78] Lu Y, et al. Learning deterministic policy with target for power control in wireless networks[J]. 2018 IEEE Global Communications Conference(GLOBECOM), 2018 (59): 1-7.

[79] Burd T D, Brodersen R W. Processor design for portable systems[J]. Journal of VLSI signal processing systems for signal, image and video technology, 1996, 13 (66): 203-221.

[80] Zhang W, et al. Energy-optimal mobile cloud computing under stochastic wireless channel[J]. IEEE Trans. Wireless Commun, 2013, 12(67): 4569-4581.

[81] Chen M, Hao Y. Task offloading for mobile edge computing in software defined ultra-dense network[J]. IEEE J. Sel. Areas Commun, 2018, 36(36): 587-597.

[82] Chen X, et al. Efficient multi-user computation offloading for mobile-edge cloud computing[J]. IEEE/ACM Trans. Networking, 2016, 24(68): 2795-2808.

[83] HuangD, et al. A dynamic offloading algorithm for mobile computing[J]. IEEE Trans. Wireless Commu., 2012, 11(69): 1991-1995.

[84] Sun Y, et al. EMM: Energy-aware mobility management for mobile edge computing in ultra dense networks[J]. IEEE J. Sel. Areas Commun, 2017, 35(70): 2637-2646.

[85] Silver D, et al. Deterministic policy gradient algorithms[C]. in ICML 2014. 1. 31st international conference on machine learning, ICML, 2014: 1.

[86] Nasir Y S, Guo D. Multi-agent deep reinforcement learning for dynamic power allocation in wireless networks[J]. IEEE J. Sel. Areas Commun, 2019, 37 (39): 2239-2250.

[87] Li X, Chen Y. QoS-aware joint offloading and power control using deep reinforcement learning in MEC[C]. in 2020 23rd international symposium on wireless personal multimedia communications(WPMC), IEEE, 2020: 1-6.

[88] Papoulis A, Pillai S U. Probability, random variables, and stochastic processes[M]. in McGraw-hill series in electrical engineering: Communications and signal processing. Tata McGraw-Hill, 2002.

[89] Han Z. Game theory in wireless and communication networks: Theory, models, and applications[M]. Cambridge university press, 2012.

附　录

1. 命题 4-1 的证明

根据前文的分析可知，对小基站 n 服务用户造成所有可能的小区间干扰情况可以被一一映射为。除小基站 n 外，所有可能的处于工作状态的其他小基站集合。对于符合上述条件的某一个特定的非空集合 $M\in \Pr(N\backslash n)$，$M\neq \varnothing$，根据公式(4-2)可知，此时小基站 n 服务用户信干噪比$\gamma_{n,1}$的表达式为

$$\gamma_{n,1}=\frac{P_{n,n}\,|H_{n,n,1}|^2}{\sum\limits_{i\in M}P_{i,n}\,|H_{i,n,1}|^2+N_0B} \tag{1}$$

定义$X_{n,1}=P_{n,n}\,|H_{n,n,1}|^2$为小基站 n 服务用户收到的有效信号功率，$Y_{n,1}=I_{n,1}+\sigma^2=\sum\limits_{i\in M}P_{i,n}\,|H_{i,n,1}|^2+\sigma^2$ 为该用户收到的小区间干扰均值与高斯白噪声的功率总和。假定该情况下，所有干扰功率均值$P_{i,n}(i\in M)$互不相等。因此，小区间干扰变量$I_{n,1}$是$|M|$个服从互不相同均值的指数分布变量的总和，$I_{n,1}$的分布服从超几何分布的一个特殊情况，其概率分布函数和累计分布函数可以分别表示为

$$f_{I_{n,1}}(g)=\sum_{i\in M}\frac{1}{P_{i,n}}\left(\prod_{t\in Mi}\frac{P_{i,n}}{P_{i,n}-P_{t,n}}\right)\mathrm{e}^{-\frac{g}{P_{t,n}}} \tag{2}$$

$$F_{I_{n,i}}(g)=1-\sum_{i\in M}\left(\prod_{t\in Mi}\frac{P_{i,n}}{P_{i,n}-P_{t,n}}\right)\mathrm{e}^{-\frac{g}{P_{t,n}}} \tag{3}$$

另外，如果将变量 $g=0$ 代入公式(3)，经过整理可得小区间干扰变量$I_{n,1}$的累计互补函数等于零。由于此时乘数$\mathrm{e}^{-g/P_{i,n}}=1$，那么可以得到如下结论：

$$\sum_{i\in M}\left(\prod_{t\in Mi}\frac{P_{i,n}}{P_{i,n}-P_{t,n}}\right)=1 \tag{4}$$

根据前文中的定义，将 $g=y-\sigma^2$代入公式(2)，可以得到小区间干扰均值与高斯白噪声的功率总和变量$Y_{n,1}$的概率分布函数如下：

$$f_{Y_{n,1}}(y)=\sum_{i\in M}\frac{1}{P_{i,n}}\left(\prod_{t\in M}\frac{P_{i,n}}{P_{i,n}-P_{t,n}}\right)\mathrm{e}^{-\frac{(y-\sigma^2)}{P_{t,n}}} \tag{5}$$

进一步地，公式(1)中，分子部分有效信号功率变量$X_{n,1}$服从均值为$P_{n,n}$ 的指数分布，分母部分随机变量$Y_{n,1}$分布可以由公式(5)得知，且这两个随机变量相互独立。那么，根据两个独立随机变量商的分布求解规则，在处于工作状态的其他小基站集合为某一特定 M 时，小基站 n 服务用户信干噪比$\gamma_{n,1}$的概率分布函数可以推导如下：

$$
\begin{aligned}
& f_{\gamma_{n,1}}(\gamma \mid M) \\
& = \sum_{i \in M} \int_{\sigma^2}^{+\infty} y \frac{1}{P_{n,n}} \mathrm{e}^{\frac{-\gamma y}{P_{n,n}}} \frac{1}{P_{i,n}} \left(\prod_{t \in Mi} \frac{P_{i,n}}{P_{i,n} - P_{t,n}} \right) \mathrm{e}^{\frac{-(y-\sigma^2)}{P_{i,n}}} \mathrm{d}y \\
& = \sum_{i \in M} \left(\prod_{t \in Mi} \frac{P_{i,n}}{P_{i,n} - P_{t,n}} \right) \left(\frac{\sigma^2}{P_{i,n}\gamma + P_{n,n}} + \frac{P_{i,n} P_{n,n}}{(P_{i,n}\gamma + P_{n,n})^2} \right) \mathrm{e}^{\frac{-\sigma^2 y}{P_{n,n}}}
\end{aligned} \tag{6}
$$

信干噪比$\gamma_{n,1}$的累计分布函数可以通过计算公式(6)的不定积分，并且通过代入公式(5)的结论化简得到：

$$
\begin{aligned}
F_{\gamma_{n,1}}(\gamma \mid M) & = \sum_{i \in M} \left(\prod_{t \in Mi} \frac{P_{i,n}}{P_{i,n} - P_{t,n}} \right) \left(1 - \frac{P_{n,n}}{P_{i,n}\gamma + P_{n,n}} \mathrm{e}^{\frac{-\sigma^2 y}{P_{n,n}}} \right) \\
& = 1 - \frac{P_{n,n}^{|M|}}{\prod_{i \in M} (P_{i,n}\gamma + P_{n,n})} \mathrm{e}^{\frac{-\sigma^2 y}{P_{n,n}}}
\end{aligned} \tag{7}
$$

上述分析都是基于处于工作状态的其他小基站集合为某一特定 M 的前提。而该情况发生的概率与各小基站的空闲概率有关，即：

$$
p_M = \prod_{i \in M} (1 - p_{\mathrm{idle}i-}) \prod_{k \in N_{n-M}} p_{\mathrm{idle}} k \tag{8}
$$

特别地，当 $M=\varnothing$ 时，由于其他小基站均处于空闲状态，小基站 n 服务用户不受小区间干扰影响。重复第 4.3 节中情况一下信干噪比的推导过程，可以得到该情况下小基站 n 服务用户信干噪比$\gamma_{n,1}$的概率分布函数和累计分布函数如下：

$$
\begin{aligned}
f_{\gamma_{n,1}}(\gamma, u \backslash u_n) & = \left(\prod_{q \in N \backslash n} p_{i_{\mathrm{idle\_}q}} \frac{\sigma^2}{P_{n,n}} \right) \mathrm{e}^{\frac{-\sigma^2 y}{P_{n,n}}} \\
F_{\gamma_{n,1}}(\gamma, u \backslash u_n) & = \left(\prod_{q \in N \backslash n} p_{i_{\mathrm{idle\_}q}} \right) \left(1 - \mathrm{e}^{\frac{-\sigma^2 y}{P_{n,n}}} \right)
\end{aligned} \tag{9}
$$

根据全概率公式，综合前面对于$2^{(N-1)}$中可能干扰情况的分析，小基站 n 服务用户信干噪比$\gamma_{n,1}$的概率分布函数和累计分布函数可以看做各情况下的值与概率乘积的总和，即公式(4-36)与公式(4-37)。

证毕。

2. 命题 4-2 的证明

根据公式(4-41)给出的定义和公式(4-3)可知，瞬时服务速率$C_{n,j;\mathrm{RR}}(u \backslash u_n)$仅在每 J_n个时隙内的第 j 个为非零值。因此，在时隙无限长的假定条件下，$C_{n,j\mathrm{RR}}(u \backslash u_n)$的均值可以按照下式计算：

$$
\begin{aligned}
E[C_{n,j;\mathrm{RR}}(u \backslash u_n)] & = \lim_{N \to \infty} \frac{1}{N} \sum_{k=1}^{N} C_{n,j;\mathrm{RR}}(u \backslash u_n)[k] \\
& = \frac{1}{J_n} E[C_{n,1}(u \backslash u_n)]
\end{aligned}
$$

即公式(4-42)。

进一步地，根据方差的定义，$C_{n,j;\mathrm{RR}}(u \backslash u_n)$的方差表达式如下：

$$\begin{aligned}\mathrm{Var}(C_{n,j;\mathrm{RR}}(u\backslash u_n)) &= \lim_{N\to\infty}\frac{1}{N}\sum_{k=1}^{N}(C_{n,j;\mathrm{RR}}(u\backslash u_n)[k]-E[C_{n,j;\mathrm{RR}}(u\backslash u_n)])^2 \\ &= \lim_{N\to\infty}\frac{1}{N}\left(\frac{(J_n-1)N}{J_n}E[C_{n,j;\mathrm{RR}}(u\backslash u_n)]^2+\right. \\ &\left.\sum\left(C_{n,j;\mathrm{RR}}(u\backslash u_n)[x]-E[C_{n,j;\mathrm{RR}}(u\backslash u_n)]\right)^2\right)\end{aligned} \tag{10}$$

式中，$x=j+mJ_n, m=0,1,2,\cdots$表示$C_{n,j;\mathrm{RR}}(u\backslash u_n)$非零的时隙值。

假定 N 小基站单用户场景下，小基站 n 所服务的用户在各时隙内瞬时服务速率相互独立不相关。那么$C_{n,j;\mathrm{RR}}(u\backslash u_n)$非零部分可以看作是单用户场景下瞬时服务速率的周期抽样值。为了进一步化简公式(10)，定义中间变量 $\Delta C_{n,j;\mathrm{RR}}(u\backslash u_n)[x]=C_{n,j;\mathrm{RR}}(u\backslash u_n)[x]-E[C_{n,1}(u\backslash u_n)]$。同时，由于假定时隙无限长，那么可以认为$C_{n,j;\mathrm{RR}}(u\backslash u_n)[x]$的均值在极限条件下等于 $E[C_{n,1}(u\backslash u_n)]$，即：

$$\lim_{N\to\infty}\sum_{m=0}^{N/J_n}\Delta C_{n,j;\mathrm{RR}}(u\backslash u_n)[x]=0 \tag{11}$$

与此同时，在当时隙无限长的假定条件下，根据方差的定义，中间变量 $\Delta C_{n,j;\mathrm{RR}}(u\backslash u_n)[x]$的平方和对时隙总长度求平均值的极限值，与 N 小基站单用户场景下小基站 n 用户瞬时服务速率的方差 $\mathrm{Var}(C_{n,1}(u\backslash u_n))$之间存在以下数量关系：

$$\lim_{N\to\infty}\frac{1}{N}\sum_{m=0}^{N/J_n}(\Delta C_{n,j;\mathrm{RR}}(u\backslash u_n)[x])^2=\frac{1}{J_n}\mathrm{Var}(C_{n,1}(u\backslash u_n))^2 \tag{12}$$

将公式(11)与公式(12)代入公式(10)化简可得：

$$\begin{aligned}&\mathrm{Var}(C_{n,j;\mathrm{RR}}(u\backslash u_n)) \\ &= \lim_{N\to\infty}\frac{1}{N}\left(\frac{(J_n-1)N}{J_n}E[C_{n,j;\mathrm{RR}}(u\backslash u_n)]^2+\right. \\ &\left.\sum(C_{n,j;\mathrm{RR}}(u\backslash u_n)[x]-E[C_{n,j;\mathrm{RR}}(u\backslash u_n)])^2\right) \\ &= \frac{J_n-1}{J_n}\left(\frac{E[C_{n,1}(u\backslash u_n)]}{J_n}\right)^2+\lim_{N\to\infty}\frac{1}{N}\sum_{m=0}^{N/J_n}(\Delta C_{n,j;\mathrm{RR}}(u\backslash u_n)[x]+ \\ &\frac{J_n-1}{J_n}E[C_{n,1}(u\backslash u_n)])^2 \\ &= \frac{J_n-1}{J_n^3}E[C_{n,1}(u\backslash u_n)]^2+\frac{1}{J_n}\mathrm{Var}(C_{n,1}(u\backslash u_n))+ \\ &\frac{(J_n-1)^2}{J_n^3}E[C_{n,1}(u\backslash u_n)]^2 \\ &= \frac{1}{J_n}\mathrm{Var}[C_{n,1}(u\backslash u_n)]+\frac{J_n-1}{J_n^2}E[C_{n,1}(u\backslash u_n)]^2\end{aligned} \tag{13}$$

即公式(4-43)。

证毕。

3. 命题 4-3 的证明

根据前文中对于最大信干噪比机制下小基站 n 所服务的用户 j 的信干噪比$\gamma_{n,j;\max}$的定义，以及文献[88]中对于该机制下信干噪比的分布讨论过程，可以得出$\gamma_{n,j;\max}$的概率分布函数为

$$f_{\gamma_{n,j;\max}}(\gamma,u\backslash u_n)=\Pr(\gamma_{n,j}<\gamma_{n,-j})\delta(\gamma)+F_{\gamma_{n,j}}(\gamma,u\backslash u_n)f_{\gamma_{n,j}}(\gamma,u\backslash u_n) \tag{14}$$

式中，$\delta(\gamma)$为狄拉克δ函数，$f_{\gamma_{n,j}}$为N小基站单用户场景下小基站n所服务用户信干噪比的概率分布函数，$F_{\gamma_{n,-j}}$为除用户j之外其他用户最大信干噪比随机变量$\gamma_{n,-j}$的累计分布函数。由于本章中假定同一个小基站下各个用户数据传输过程互不干扰，各自信道条件相互独立，那么根据随机变量的次序统计量相关理论，可以推导出$F_{\gamma_{n,-j}}$的表达式如下：

$$F_{\gamma_{n,-j}}(\gamma,u\backslash u_n)=\prod_{m\in J_n,m\neq j}F_{\gamma_{n,m}}(\gamma,u\backslash u_n)=F_{\gamma_{n,1}}(\gamma,u\backslash u_n)^{J_n-1} \tag{15}$$

进一步地，将公式(14)中的乘数$F_{\gamma_{n,-j}}$与$f_{\gamma_{n,j}}$分别代入公式(15)和公式(14)结果，那么可以推出最大信干噪比机制下小基站n所服务的用户j的信干噪比$\gamma_{n,j;\max}$的概率分布函数的表达式如下：

$$f_{\gamma_{n,j,\max}}(\gamma,u\backslash u_n)=\Pr(\gamma_{n,j}<\gamma_{n,-j})\delta(\gamma)+F_{\gamma_{n,1}}(\gamma,u\backslash u_n)^{J_n-1}f_{\gamma_{n,1}}(\gamma,u\backslash u_n) \tag{16}$$

基于公式(16)结果并根据连续随机变量均值的定义可知，该机制下小基站n所服务的用户j的瞬时速率$C_{n,j;\max}(u\backslash u_n)$均值为

$$\begin{aligned}
&E[C_{n,j;\max}(u\backslash u_n)]\\
&=\int_0^1 B\log_2(1+\gamma)f_{\gamma_{n,j;\max}}(\gamma,u\backslash u_n)\mathrm{d}\gamma\\
&\overset{②}{=}\int_0^{+\infty}B\log_2(1+\gamma)\Pr(\gamma_{n,j}<\gamma_{n,-j})\delta(\gamma)\mathrm{d}\gamma+\\
&\quad\int_0^{+\infty}B\log_2(1+\gamma)F_{\gamma_{n,1}}(\gamma,u\backslash u_n)^{J_n-1}f_{\gamma_{n,1}}(\gamma,u\backslash u_n)\mathrm{d}\gamma\\
&\overset{③}{=}\int_0^{+\infty}B\log_2(1+\gamma)F_{\gamma_{n,1}}(\gamma,u\backslash u_n)^{J_n-1}f_{\gamma_{n,1}}(\gamma,u\backslash u_n)\mathrm{d}\gamma
\end{aligned} \tag{17}$$

即公式(4-47)。其中，之所以能够从以上等式编号为②的等式中去掉前一项，得到编号为③的化简结果，是利用了狄拉克δ函数的挑选性。具体地，上述性质可以表示为

$$\int_{-\infty}^{+\infty}f(x)\sigma(x-x_0)\mathrm{d}x=f(x_0) \tag{18}$$

由于信干噪比$\gamma_{n,j;\max}$的值只可能是非负值，因此本节讨论的最大信干噪比调度机制下，公式(18)中的积分区间可以等同于$[0,+\infty)$。根据上述对于狄拉克δ函数的挑选性在本机制下的讨论结果，观察公式(17)中编号为②等式中的前一项$\int_0^{+\infty}B\log_2(1+\gamma)\Pr(\gamma_{n,j}<\gamma_{n,-j})\delta(\gamma)\mathrm{d}\gamma$可发现，该项的积分结果等于将$\gamma=0$的值代入式子$\log_2(1+\gamma)\Pr(\gamma_{n,j}<\gamma_{n,-j})$的结果。而因为该结果等于零，所以可以将编号为②等式最终化简为编号③的结果。

进一步地，根据方差的定义，$C_{n,j;\max}(u\backslash u_n)$的方差表达式如下：

$$\mathrm{Var}[C_{n,j;\max}(u\backslash u_n)]=E[C_{n,j;\max}{}^2(u\backslash u_n)]-E[C_{n,j;\max}(u\backslash u_n)]^2 \tag{19}$$

即公式(4-48)。

证毕。

4. 命题 8-1 的证明：纳什均衡存在性和唯一性的证明过程

本附录证明命题 8-1，首先证明博弈G纳什均衡的存在性。

1) 纳什均衡的存在性证明

对于每位玩家来说，我们可以观察得到以下性质：

(1) 策略集$P_m\in[0,p^{\max}]$是欧几里得空间R^M中的紧凸集(compact convex set)。

(2) 效用函数U_m是连续的,且定义在R^M的子集中,满足以下不等式

$$U_m(\lambda p_m+(1-\lambda)p'_m)\geqslant\min(U_m(p_m),U_m(p'_m)),\lambda\in[0,1] \tag{20}$$

式中,p_m、p'_m是不同的发射功率。因此U_m是一个p_m的拟凹函数。

NE 的存在性被证明。

2) 纳什均衡的唯一性证明

根据公式(8-8),我们可以得到效用函数关于p_m的一阶偏导数。为了方便计算,假设以下变量代换对下文均有效:

$$\begin{gathered} a=\mathrm{e}^{-uRT_S}-1 \\ b=\frac{(d_{m,m})^{-\alpha}\,|H_{m,m}|^2}{I_m+\sigma^2} \\ c=a\ (1-\mathrm{e}^{-bp_m})^L-1 \\ d=1-\mathrm{e}^{-bp_m} \end{gathered} \tag{21}$$

基于变量代换将效用函数关于p_m的一阶偏导数表示为

$$\frac{\partial U_m(p_m)}{\partial p_m}=\frac{\log c}{T_S u p_m^2}-\frac{Lb(c-1)\mathrm{e}^{-bp_m}}{T_S u p_m cd}-\mathrm{e}^{p_m} \tag{22}$$

我们观察到,在一定精度要求下,c、d 在p_m的取值范围内是保持不变的。令$\partial U_m(p_m)/\partial p_m=0$,可以推导出博弈 G 的迭代公式:

$$p_m(t+1)=\min\left\{\log\left(\frac{dc\log c-Lb(c-1)p_m(t)\mathrm{e}^{-bp_m(t)}}{T_S cdu\ (p_m(t))^2}\right),p^{\max}\right\} \tag{23}$$

令 $f(p_m)=\log\left(\frac{dc\log c-Lb(c-1)p_m(t)\mathrm{e}^{-bp_m(t)}}{T_S cdu\ (p_m(t))^2}\right)$,根据文献[89]如果$f(p_m)$对于所有玩家都是标准方程,则博弈 G 有唯一的纳什均衡。因此,这里将证明 $f(p_m)$的单调性和可扩展性。

(1) 单调性证明

$f(p_m)$关于p_m的一阶偏导数表示为

$$\begin{aligned} \frac{\partial f(p_m)}{p_m}&=\frac{Lbp_m(c-1)(1+bp_m)\mathrm{e}^{-bp_m}-2cd\log c}{cdp_m\log c-Lb(c-1)p_m^2\mathrm{e}^{-bp_m}} \\ &\overset{①}{\approx}\frac{-Lb(c-1)(1-bp_m)\mathrm{e}^{-bp_m}}{cd\log c}>0 \end{aligned} \tag{24}$$

式中,近似的原因为当$p_m\in[0,p^{\max}]$时,有 $Lbp_m(c-1)\mathrm{e}^{-bp_m}\approx0$,$cd\log c\approx0$。由于 $f(p_m)$关于p_m的一阶偏导数恒大于 0 ,所以 $f(p_m)$是一个单调增函数。因此 $f(p_m)$的单调性得以证明。

(2) 可扩展性证明

首先,定义以下方程,

$$F(\beta)=\beta f(p_m)-f(\beta p_m) \tag{25}$$

式中,$\beta\in(1,\infty)$,要想证明 $f(p_m)$的可扩展性,我们必须证明 $F(\beta)>0$。通过求 $F(\beta)$关于 β 的偏导数,我们得到

$$
\begin{aligned}
\frac{\partial F(\beta)}{\partial \beta} &= f(p_m) - \frac{\partial f(\beta p_m)}{\partial \beta} \\
&= \log\left(\frac{dc\log c - Lb(c-1)p_m \mathrm{e}^{-bp_m}}{T_{S}cdup_m^2}\right) + \\
&\quad \frac{Lbp_m(c-1)(1-bp_m\beta)\mathrm{e}^{bp_m\beta}}{cd\log c}
\end{aligned}
\tag{26}
$$

由于$\partial F(\beta)/\partial\beta>0$,并且 $F(1)=0$,所以可以得到 $F(\beta)>F(1)=0$。这意味着对所有 $\beta\in(1,\infty)$都有 $\beta f(p_m)>f(\beta p_m)$。因此,$f(p_n)$的可扩展性得到证明。

证毕。

符号对照表

$\alpha^{(b)}(u)$	表示有效带宽函数
$\alpha^{(c)}(u)$	表示有效容量函数
$\delta(\cdot)$	表示狄拉克函数
η	表示能效
$\Gamma(\cdot)$	表示 Gamma 函数
$\Lambda_X(u)$	表示随机变量 X 的对数矩生成函数
$\lim_{t\to\infty} f(t)$	表示取无穷时的 $f(t)$极限值
$\boldsymbol{X}$	表示矩阵或向量
μ	表示业务流的平均到达率
$E[\cdot]$	表示期望算子
$\mathrm{Var}[\cdot]$	表示方差算子
$\Pr(\cdot)$	表示事件(·)发生概率
$A(t)$	表示累积到达过程
$A[n]$	表示在第 n 时隙的数据到达量
B_c	表示信道带宽
$A^*(t)$	表示累积离开过程
$C[n]$	表示在第 n 时隙的系统容量
$D(t)$	表示 t 时的延时
$f(\cdot)$	表示事件(·)发生的概率密度函数
$F(\cdot)$	表示事件(·)发生的累积分布函数
$f''(x)$	表示函数 $f(x)$的二阶导数
$f'(x)$	表示函数 $f(x)$的一阶导数
L_p	表示信道衰落增益
max	表示最大值
N_0	表示噪声功率
p_b	表示缓存器非空概率
p_w	表示非零延时概率
$Q(t)$	表示 t 时的数据积压长度
$S(t)$	表示累积服务过程
T_S	表示时隙长度
u	表示有效容量中的 QoS 指数

缩略语表

3GPP	3rd Generation Partnership Project,第三代合作伙伴项目
ARQ	Automatic Repeat request,自动重传请求
CCDF	Complementary Cumulative Distribution Function,互补累积分布函数
CCSA	China Communications Standards Association,中国通信标准化协会
CDMA	Code Division Multiple Access,码分多址
CSI	Channel State Information,信道状态信息
EB	Effective Bandwidth,有效带宽
EC	Effective Capacity,有效容量
EEE	Effective Energy Efficiency,有效提高能源效率
MDP	Markov Decision Processes,马尔可夫决策过程
MGF	Moment-Generating Function,时刻生成函数
NOMA	Non-orthogonal Multiple Access,非正交多址
OFDMA	Orthogonal Frequency Division Multiple Access,正交频分多址
OMA	Orthogonal Multiple Access,正交多址
PDF	Probability Density Function,概率密度函数
PGF	Probability-Generating Function,概率生成函数
PMF	Probability Mass Function,概率质量函数
QoS	Quality of Service,服务质量
RR	Round-Robin,轮询调度
SBS	Small Base Station,小型基站
SIC	Successive Interference Cancelation,连续干扰消除
SINR	Signal-to-Interference-plus-Noise Ratio,信号-干扰-噪声比
SNR	Signal-to-Noise Ratio,信噪比
TDMA	Time Division Multiple Access,时分多址
UDNs	Ultra-Dense Networks,超密集网络
UE	User Equipment,用户设备